# 女人那点心事

文　静◎编著

读心，更需要懂心

Nvrennadianxinshi

中国华侨出版社

**图书在版编目（CIP）数据**

女人那点心事/文静编著. —北京：中国华侨出版社，
2011. 9（2014. 10修订版）
ISBN 978－7－5113－1620－2

Ⅰ.①女…　Ⅱ.①文…　Ⅲ.①女性－成功心理－通俗读物
Ⅳ.①B848. 4－49

中国版本图书馆 CIP 数据核字（2011）第 159253 号

● **女人那点心事**

编　　著/文　静
责任编辑/李　晨
封面设计/纸衣裳书装
经　　销/新华书店
开　　本/710×1000 毫米　1/16　印张 18　字数 220 千字
印　　刷/北京溢漾印刷有限公司
版　　次/2011 年 9 月第 1 版　2014 年 10 月第 2 次印刷
书　　号/ISBN 978－7－5113－1620－2
定　　价/32. 80 元

中国华侨出版社　　北京朝阳区静安里 26 号通成达大厦 3 层　　邮编 100028
法律顾问：陈鹰律师事务所
编辑部：(010) 64443056　　64443979
发行部：(010) 64443051　　传真：64439708
网　　址：www. oveaschin. com
e－mail：oveaschin@ sina. com

众所周知，受"男尊女卑"、"男主外、女主内"的思想影响，数千年来，中国女人一直处于社会的弱端。她们秉承着"夫为妻纲"的原则，一直忍气吞声、含辛茹苦地活着，生活圈子极其狭窄，其人际交往对象主要就是家人。

如今，随着社会文明的不断发展，社会风气的不断开化，女性渐渐走出了那个狭窄的世界，她们交际的范围越来越广，接触的人也越来越多，倘若此时再沿用传统的处世标准去要求自己，显然是寸步难行的。这就要求女人们打破传统规则，用智慧来武装自己，如此才能在男人的世界中争得属于自己的半边天。

所以说，做女人，必须要有点"心事"！

"有心事"的女人是充满魅力的。她们知道韶华易逝、容颜易老，所以未雨绸缪，用知性和风情来美化自己，这样的女人越"老"越醇，温润香浓。

"有心事"的女人是理性的。她们知道男人对女人或多或少还有些许轻视，所以她们懂得约束自己，不与粗俗同流，力求不落人口实。

"有心事"的女人是"坏坏"的。她们晓得男人的"怪癖"，

知道送到嘴边的饭菜不香，所以在恋爱中总是若即若离，勾起男人的"捕猎"欲望，让他们欲罢不能。

"有心事"的女人是圆通的。她们知道若单论"耍心眼"，自己可能抵不过男人，所以她们谦逊又不失本色，在纷扰复杂的社交舞台上，挥舞着流香长袖。

"有心事"的女人是独立的。她们知道寄人篱下的日子不好过，所以坚决不做男人的"寄生虫"，她们拥有属于自己的事业，而且能够做得很好。

"有心事"的女人是智慧的。她们知道溺爱之下出逆子，所以从不唯孩子是从，这样的妈妈更胜过一个好老师。

"有心事"的女人是"糊涂"的。她们知道女人太精明、太强势，男人往往会敬而远之，所以她们甘做一只"糊涂虫"，用自己的"糊涂"来穿引家庭的和谐。

"有心事"的女人是坚强的。她们知道爱是流动的，所以不会为一份逝去的感情肝肠寸断、难以自拔。她们即便失去丈夫，也会留下风度。必要时，她们甚至会动用自己的全部智谋，抢回自己的丈夫。

毋庸置疑，这样一个风姿卓绝、事业有成、人见人爱的女人，想不幸福恐怕都难！那么，您还在等什么？……

# C目录
## ONRENTS

### 第一章　观心自省，辨别真我本色

　　每个人都有其固有的本质。女人与感性结缘，性格敏感而多变，常被各种矛盾困扰着。作为女人，唯有看清自己，看清自己的优缺点，对自己做出一个客观、正确的评估，才能把握命运的脉搏，为自己编织一个精彩的人生。

　　正如罗兰所说："一个人一定要先认清自己，找到目标，然后才有权去选择自己想要的，拒绝自己不想要的。如果不认识自己，也没有目标，而只是因为自己觉得目前所有的东西不好，就放下手里的，另外去拿一个别的。那就只是没有主见和见异思迁。像这样彷徨犹豫，结果将会是一事无成。"

## 第二章　　不做花瓶，做气质型美女

岁月的流逝，可以带走女人青春的容颜，却带不走历经岁月积淀以后，女人焕发出来的千般魅力、万种风情。这种美丽如秋季弥漫的果香一样：由内而外，蔓延荡漾、温润香浓。这份魅力便是女人特有的气质，是女人的智慧、内涵与修养。

有气质的女人静若幽兰、香远益清，她们不会随着岁月的流逝而失去光泽，只会如老酒一样愈发香醇郁。有气质的女人是一道永不褪色的风景线，笑看岁月，红颜不老……

## 第三章　懂得自控，不与低俗同流

对于女人而言，客观的诱因总是存在，它们总是想法设法诱使我们成为一个低俗的女人。但是，聪明的女人会懂得怎样去调控自己，懂得与那些不良的情绪、诱惑相抗衡。最终，她们取得了这种较量上的胜利，同时也成为了生活中的胜者。

# 第四章　若即若离，保持神秘感

　　爱情有时真的很奇怪。对于男人而言，他太容易追上你，或许就不是那么珍惜；相反，他追你追得越是辛苦，便越加觉得你弥足珍贵。或许，部分男人天生就钟爱这种追逐的感觉吧。就此而言，我们若想将一个男人抓得更紧，就不妨和他玩点花样，若即若离，稍稍吊下他的胃口。

# 第五章　独具慧眼，择偶决不含糊

　　婚姻于女人而言，是一辈子中的头等大事，是女人一生的投资，一旦选错，追悔莫及。

　　女人与男人不同，男人选错女人，离婚再娶，其价值依然不会打折。而我们女人，一旦再婚，总是不如头婚受人重视，有时甚至只能无奈地将自己"随便"嫁掉。所以说，女人，择偶一定要慎重，要知道你想要的是什么，要擦亮眼睛看清你面前那个男人的本质，要知道什么样的男人才能带给你幸福！

还是那句话，女人，择偶一定要慎重，这可能是关乎你一生的幸福……

## 第六章　拒绝依赖，独立生存

很多女人把丈夫当做自己经济上的支柱，因而失去了自己独立的人格。这是因为，她们从决定依赖丈夫生存的那一刻，就注定要由这个男人来主宰自己的生活质量。

一个聪明的女人不会将自己的一切都付托给丈夫，即便她们非常爱那个男人，也会拿捏住自己的分寸，不会因此放弃自己的事业，乃至于失去自我。

## 第七章　从容社交，建立和谐人脉

　　毫无疑问，这是一个由人脉主导的时代，正如成功学大师卡耐基所说的那样："专业知识在一个人成功中的作用只占15%，而其余的85%则取决于人际关系。"女人，若想在生活和事业上取得成功，就绝不能去做孤胆英雄。是的，你需要拿起手中的针线，编织起一张和谐完善的人际关系网。

## 第八章　教子有方，培养未来的栋梁

　　父母是孩子的第一任老师，孩子的明天很大程度上就掌握在今天的父母手中。没有教育不好的孩子，只有不会教育的父母，往往是父母的教育观念和方法决定着孩子一生的命运。

　　教育家爱尔维修在阐释家庭教育的重要性时这样说："人刚生下来都一样，仅仅由于环境和教育的不同，有人可能成为天才，有人则变成凡夫俗子，甚至蠢材。即使再普通的孩子，只要教育方法得当，也会成为不平凡的人。"这就是在告诉我们，每个孩子都可能成为天才，良好的教育是孩子成功的必经之路。如果我们想要把孩子培养成天才，先要使自己成为天才的教育家。

## 第九章　宽容大度，营造美满家庭

生活中，不乏比男人更高明、更有心思的女人，但事实上，这种女人并不受男人欢迎。相信，在 100 个男人中，至少会有 90 个男人选择对这种女人敬而远之吧！

家庭生活中同样容不下太多的精明。一个女人如果太精明、太强势，家庭关系就会失衡。男人会感到压力倍增，就会感觉受到了女人的束缚。随之，他们很可能便会去寻找自己的"自由"。好吧，既然男人天性里有"大丈夫情结"，作为女人我们不妨配合一下他们，装装傻吧。只是，装傻之前你需要想清楚，究竟怎样的傻，才是可爱？

## 第十章　收放自如，不为失去流泪

受伤了，不要流泪、不要彷徨、不要气馁、不要绝望，扔掉悲伤才能重新起航。爱的世界里，本就存在很多不确定因素，一次失去或许正预示着下一个美丽。离开你是他的损失，他不珍惜，你又何必念念不忘？

女人，要学会收放自如，面对爱情，要拿得起、放得下。不要让逝去的感情成为你生活的羁绊，当你拨开悲伤的乌云，你会发现一轮火红的太阳正冲着你敞露笑脸。

## 第十一章　眼明心亮，挡住恶意侵犯

　　我国古代大哲学家荀子对于人性的见解可谓独树一帜，他说："人之性恶，其善者伪也。"意思是说，一个人如果看起来是善的，那是他善于伪装，因为人性本来是恶的。我们且不去探讨荀子的思想是对是错，但至少有一点我们可以肯定：要懂得擦亮眼睛，看清别人真面目。

　　诚然，做一个人见人爱的单纯女人固然不错，但这个社会太过复杂，人心难测。一个女人要想一生平安，幸福美满，要想在社会上立足，成就一番事业，就必须学会看清伪与诈，将那些恶意的侵犯挡在闺门之外。

# 第一章

# 观心自省,辨别真我本色

每个人都有其固有的本质。女人与感性结缘,性格敏感而多变,常被各种矛盾困扰着。作为女人,唯有看清自己,看清自己的优缺点,对自己做出一个客观、正确的评估,才能把握命运的脉搏,为自己编织一个精彩的人生。

正如罗兰所说:"一个人一定要先认清自己,找到目标,然后才有权去选择自己想要的,拒绝自己不想要的。如果不认识自己,也没有目标,而只是因为自己觉得目前所有的东西不好,就放下手里的,另外去拿一个别的。那就只是没有主见和见异思迁。像这样彷徨犹豫,结果将会是一事无成。"

# 女人，认清你自己

任何一个人，只有客观地看待自己，才能对事物做出准确的判断。反之，若是脱离基本事实，过高或过低地评估自己，为自己确立一个不合实际的定位，就只能重复着错误的选择，到头来自食苦果。

某日清晨，一只小山羊来到栅栏外，它想吃园内的白菜，可缝隙太小根本无法进入。这时，它不经意间瞥见了自己的影子，在阳光的斜射下，它的影子显得很长、很长……

"原来我竟如此高大，何必非要吃这白菜呢？我可以去吃树上的果子。"

小山羊奔向远方的一片果园，尚未到达目的地，日已近午，阳光照在头上，它的影子缩成了很小的一团。

"唉！我这么矮小，看来是没法吃到果子了，不如回去吃白菜吧。"但片刻之后，它又转悲为喜："我现在这么苗条，钻进栅栏肯定不成问题！"

待回到栅栏外时，日已偏西，小山羊的影子再度被拉长。

"我为什么要回来？我不比长颈鹿矮，吃树上的果子毫不费力！"

就这样，小山羊往返于果园和栅栏之间，直至天黑仍然饿着肚子……

著名哲学家苏格拉底把镂刻在古希腊特尔斐神庙的名句——"认识你自己"，作为自己一生的行为准则，他向世人昭示了认知自我的重要性。一个人成功的过程，其实就是不断认识自我的过程。随着年龄的增长和阅历的不断丰富，人的自我认识才日趋走向成熟，这是一个漫长而屈折的过程，但我们完全有能力做得到。

朱明瑛是一位蜚声中外乐坛的著名歌舞表演艺术家，她集美声、民族、通俗唱法于一身，其能歌善舞的特殊才华给中外观众留下了深刻的印象。她录制的唱片和歌曲曾荣获过"云雀奖"和"金唱片奖"。她出访过 19 个国家，能用 26 种语言表演不同国家民族风格的歌舞。她那歌与舞、情与声融为一体的演唱魅力，征服了世界各地的观众，并因此而享有盛誉……

是什么使她取得了如此惊人的成就，赢得了观众的厚爱呢？

原因很多，比如坚韧不拔、吃苦耐劳的品格以及对艺术的献身精神等等。然而，有很重要的一点却是不能忽略的，那就是：她能够清醒地认识自我，注重发挥自己的特长。

有段时间，朱明瑛一直处于受人冷落的地位。但是，她并未放弃对艺术的执著追求，当别人忙着告状和怠工时，她反而更加"发愤努力"。她说，人还是得有本事、有贡献，人家才会承认你。

朱明瑛曾经这样说："你知道吗？我曾经一夜一夜地睡不着，看着天一点一点地亮起来。我对自己进行剖析，我想，我乐感

好，学外语的接受能力强，还有这么多年的舞蹈训练，我把我的舞蹈、外语和音乐的才能结合起来，是可以闯出一条一边舞蹈一边演唱外国歌曲的新路子的。亚非拉的艺术很需要载歌载舞，团里还没有这样的演员，我要来填补这个空白。我应该相信，自己对于某种事业有特殊的才干，并且不惜任何代价来完成这个事业。"

女人，只有正确地认识了自我，才可以做出正确的决断和准确的选择，从而避免在人生中走弯路，才能拥有幸福快乐的人生。

由心理学我们知道，人不但能认识到外界的客观事物，而且对自己的心理和行为也能认知，并能把自己的意图、思想、感觉、体验传达给自己，从而调节、控制和完善自我。认识自我需要一个很长的过程，同样，对自我的调节、控制和完善，也是一个我们自幼便开始研习的功课。

童年时的我们物我不分，也就是说，我们认不清自己、他人以及这个世界到底是什么样的。对于那时的我们而言，"我"就是中心，而"我"以外的一切，都得围绕自己。只知道自己需要什么，既不会考虑别人的需求，也不会调整自己和外界的关系。我们都有这样的经历——家长和老师问我们："你长大了以后想干什么？"我们的回答往往简洁明了极了："我想当宇航员，遨游太空。"；"我想当老师，为祖国培养人才。"；"我想当……"诸如此类。那时的我们对自己还没有形成正确的评价，对成功的因素根本无法多做考虑。

进入青年阶段，我们开始独立生活。自我中心也逐渐被打破，开始认识到自己和他人的区别，了解到世界上还有好多事情是自己控制不了的，根据人自身需要和自身特点结合社会的需要有意识地调整和指导自己的行动。人的这种思想行为的过程正是认识自我、控制自我和完善自我的过程，恰恰也说明了人是能够认识自我的。

认识自我是在不断探索和反思中实现的。许多人对自己的认识都是长期的，并伴随着各种各样的曲折。

曾有一个女孩儿，从小接受过良好的教育，在各方面都有潜能，成绩也不错，是个全面发展的人。她喜欢运动，可就是不想当运动员。她在报刊杂志上发表了不少作品，可她也不想成为作家。直到上大学，她的兴趣还是不断变化，家里人着急了，就对她说："你这样变来变去，大学这几年马上就要荒废了，这可是你确定人生目标的关键时刻啊！"此时的她也很矛盾，她只是想充分认识自我，然后选择符合她的发展方向，同时也想尽可能地尝试更多更好的东西，发现自己的兴趣再挖掘出自身的潜能。

经过两年的大学生活后，她终于发现自己对网络游戏感兴趣，于是她自己开了家公司。从此以后，她的兴趣再没变过，现在她的公司已经在欧美有了分公司。后来她回忆自己大学时的经历时说："学生时要不断地尝试，然后尽快地确定正确的人生目标。"

一个人在年轻时没有认识自我、确定好人生方向并不是一件悔之晚矣的大事。其实很少有人很早就确定了自己的发展方向，因为人对自我的认识和把握是需要经历一个过程的，我们要有充分的时

间去认识自我，经过人生的检验和论证来确定发展的方向。

我们每个人对自我的认识本来就不是一个简单的过程，更不可能是一帆风顺的。最重要的是我们要敢于认识自我、发现自我，进而成就自我。

## 做自己的"性格裁判"

性格体现的是人的本质，它是我们处在放松状态时的行为方式。有人说，女人是感性的动物，灵魂深处经常暗涛汹涌，被各种矛盾交织着。在心理活动、社会角色、行为方式等诸多因素的影响下，女人成就了丰富多彩的性格世界。身为女人，只有看清了自身性格中的每个个体，看清个体之间的优与缺、有序与无序，看清个体与整体的联系，才能真正把握好性格的脉搏，追求到内心世界的美好与和谐，跟上时代前进的步伐。

有位女士驯养了一头花豹，它漂亮极了，并且还是一个捕猎能手，猎物只要被它发现，几乎就是难逃一死，该女士为此骄傲不已。为了显摆自己的"宝贝"，某日，她将自己的亲朋好友统统邀来，大家在豹房四周围成一圈，一边欣赏，一边对花豹赞不绝口："瞧那眼睛，多么犀利！""细腰、长腿，跑起来肯定快……""看这副牙齿，像尖刀一样锋利，真棒！"

听到这些称赞，花豹的女主人很是得意，更是将花豹视为瑰宝，给它套上金绳子，好吃好喝喂养它。

一天，有只大老鼠从豹房跑过，女主人急忙叫花豹去抓，可花豹只打了一个呵欠，便卧在那里一动不动。她十分失望，把豹子臭骂了一顿。这以后每有老鼠从豹房跑过，她都会叫花豹去抓，可豹子总是对女主人的命令置之不理。

女主人愤怒了："我怎么养了你这么一个废物！"她举起鞭子抽打花豹，豹子疼得大声吼叫，而她却更加用力地抽打着。她又将花豹身上的金绳取下，换上麻绳，并把它关进土圈里，每天拿剩饭剩菜给它吃。受到这样的虐待，花豹变得更加无精打采了。

她的朋友看到她这样对待花豹，就责怪她说："宝剑锋利，可是补鞋还是剪子好使；丝绸漂亮，可是擦脸还不如一块粗布；豹子虽然厉害，可是捉起老鼠来还不如病猫。你怎么这么愚蠢呢？应该用猫去捉老鼠，用豹子去捉野兽呀！"

这位女士顿如醍醐灌顶："对呀，我怎么这么笨呀！"她拍拍脑袋说道："这头花豹本来就是用来捕捉野兽用的呀！"于是，她将豹子放出去捕捉野兽，结果，家里的野味多得吃也吃不了，同时又为她带来了不菲的财富。

不知大家在看过这则故事以后，有没有醍醐灌顶之感呢？其实，故事中的女主人正是我们自身的写照，而花豹则是我们性格的喻体。我们或许能客观地看待周围的一切，但对于自身的性格却常常不能做出正确的审视。我们的性格有其优点，亦有其不足之处，唯有扬长避短，才能发挥其最大的优势，从而获得人生上

的成功。

其实，在这个世界上，只有自己才是最了解自己的人。认识自己，发挥自己的主动性，走别人没走过的路，根据自己的特点，坚持自己的主见，培养不同于其他人的特殊才能、就一定能取得成功。

那么，我们如何才能做到真正认识自己呢？

首先，要通过别人对自己的评价来认识自己。他人的评价比自己的主观认识具有更大的客观性，如果自我评价与周围人的评价相差不大，表明自我认识能力较好；反之，则表明在自我认知上有偏差，需要调整。然而，对待别人的评价，也要有认知上的完整性，不可只以自己的心理需要而只注意某一方面的评价，应该全面听取，综合分析，恰如其分地对自己做出评价。

其次，可以通过生活阅历了解自己。大多数人通过别人的看法来观察自己，以此作为获得别人的客观评价的一种手段，但是，仅凭别人的一面之词，把对自己的认识建立在别人身上，就会面临严重束缚自己的危险。人生的棋局该由自己来设，不要从别人身上找寻自己，应该经常自省并塑造自我。

此外，还可以通过自我省察认识自己。客观而中肯地评价自己，常常比正确地认识和评价别人要困难得多。能够自省自察的女人，是有大智慧的女人。

自省是自我动机与行为的审视与反思，用以清理和克服自身缺陷，以达到心理上的健康完善。它是自我净化心灵的一种手段，情商高的人最善于通过自省来了解自我。

通过自省的自我审视，使个性心理摆脱低级情趣，趋于健康完善，克服病态畸形，起到了净化心灵的作用。自省有助于强化伦理人格的完善和培养良好的心理品质，同时也成为强者的必备条件之一。

女人只有客观地看待自己的性格，才能真正了解和把握自己的优缺点，真实而果敢地选择适合自己的人生方向，开始幸福的旅途。

## 让自己散发出香气来

性格是人在出生后的社会文化环境中逐渐形成的，因此，一个人的性格会受到他的世界观、人生观和价值观的影响，性格是人格中最核心的组成部分。良好的性格，会促使一个人将自己的聪明才智用到正道上，让自己和他人同受鼓舞与启迪；而不良的性格或许会把一个人的聪明才智引上歧途，令自己和他人同陷痛苦和沉沦之中。

任何一个人都是善恶组合的矛盾体，意大利作家伊塔诺·卡尔维诺所著的《一个分成两半的子爵》就是这种性格组合观念的形象说明。

在一次战斗中，梅达尔多子爵被炮弹打成两半，右半被军医

救活，总干坏事，集中了梅达尔多身上的全部邪恶；左半被两个隐士救治，不断地做好事，集中了子爵身上所有良好的性格。

"两个子爵"在激化的矛盾中展开决斗，相互劈裂了原来的伤口，扭成一团，粘在了一起，之后又变成了一个身体健康、性格完整的人。

任何一个人的身上都有善良与邪恶的性格体现，并不是两半的相加，而是内在性灵的互相渗透与转化。因此，良好的性格来自培养，来自透析。

一次，佛陀行经一片森林，正当中午天气很热，他觉得口渴，就告诉侍者阿难："我们刚才跨过一条小溪，溪水很清，你回去帮我取一些水来。"

因此，阿难回去找那条小溪，但小溪实在太小了，并且还有一些车子正在经过，溪水污浊，不能喝了。阿难回去告诉佛陀："那个小溪的水已变得很脏了，请您允许我换个地方找水，我知道有一条河，离这只有几里路。"

佛陀说："不，你还是回到刚才那条小溪里去取吧。"阿难表面遵从，但内心并不服气，他认为这只是浪费时间白跑一趟。

他走了一半路，还是不由自主地跑了回来，对佛陀说："您为什么要坚持让我回去呢？"佛陀不加解释，仍然说："你再去。"阿难只好遵从。

阿难再走近那条溪流，却看到那些溪水恢复了它原来的清澈、纯净——泥沙已经沉淀了。

阿难笑了，提着水回来，跪拜在佛陀脚下："您给我上了伟大的一课，只要能保持本性的纯净，污浊就不会永恒。"

性格本来有清澈无染的一面，在后天成长中，是诸多的外因蒙蔽了我们的内心。在岁月的流逝中，良好的性格也堆积了厚厚的尘土，只不过我们不知道罢了。生命中的河流虽曾被污染，但涤尽流沙便可以见到清澈的本性；良好性格的明镜虽然蒙上尘土，但拭去灰尘终将闪光。良好性格本身具有魅力，只不过有时没有发挥出来而已。

有个女人问一位智者："请问，如何才能成为一个受欢迎的人呢？"

智者递给那个女人一颗带皮的花生："闻得见香吗？"女人摇头。

智者对她说："用力捏捏它。"

女人用力捏了捏，花生壳碎了，露出了花生仁。

智者问："香吗？"

"有一点。"

"再搓搓它。"智者说。

女人又照办了，红色的皮被搓掉后，看到了白果仁。

"香吗？"

"比刚才要香一点。"

"把它放进榨油机里。"智者说。

榨油机的端口流出了芳香四溢的花生油。

女人连连赞叹："好香啊！"忽然，她笑了，"现在我终于明白了，要受人欢迎，就要让自己散发出香气来。"

智者微笑，不语。

性格元素的本质往往被种种假相包裹着，从而显示出表里矛盾、似是而非的情状，使人难以捉摸。通过有意识地自我塑造和培养，一定可以使性格中的优秀潜质焕发光彩，使你成为一个受欢迎的人。

在美国，影视女星琳达的名字可谓是无人不知，无人不晓。她被喻为是美国影视圈的常青树，其走红影坛的时间，长达数十年之久。

说起来不禁让人感到诧异——其实在美国，人们一致公认她的演技并不吸引人。在没入演艺圈之前，她只是个满街跑着卖糖果的小女孩，蓬头垢面，浑身脏兮兮的。

那么，琳达日后何以大红大紫呢？是背后有人力捧，还是因为其他什么原因？事实上，这些都没有，没有人刻意去捧琳达，甚至个别影视公司为了证实琳达的演技不入流，而不再和她签约，以证明她的糟糕。但是影迷们却不是这样，他们热烈地希望看到琳达。

其实，导致多数影视公司不得不拉上琳达的原因非常简单——就是为了票房。不过，琳达到底好在哪里呢？很长一段时间，人们都无法参透个中玄机。当年，美国艺界人士甚至还拿同期一位女演员与琳达作比较。这位女演员的名字叫作温娜，她曾接受过高等教育，曾在电影学院深造，演技在业内是公认的好。只是，无论她怎样努力，票房始终无法超越琳达，琳达的受欢迎程度一如既往地好。

这以后的 40 年间，演艺圈中很多人都在拿二人作比对，但任他们横比竖比，始终没有比出个所以然来。

直到多年以后，一个心理研究小组在一项"另类"调查中为大家揭开了谜底：其实，人们并不是喜欢琳达的演技，也不完全是因为她上演的那些角色。人们喜欢琳达，不是因为她的工作能力，而是因为琳达自身，确切地说，是琳达"欢喜"的性格和"开朗"的笑容。

每个人的优良性格都是在后天的实践活动过程中，不断进行自我修养和打磨的结果，这样性格才会锋锐明亮起来。锤炼出良好的性格，就会有明朗的心境，你也就掌握好了自己的心灵之舵，也就为自己的人生开辟了一条光明之路。

## 温柔的女人最美丽

卢梭说过："女人最重要的品质是温柔。"温顺之美是女性的一种特殊的处世魅力，是女性美的最基本特征，能博得人们广泛的钟情和喜爱。上帝创造女人的时候，用了过于柔软的泥土，因此，每个女人天性中都具有温顺的一面。女人温顺的性格特征来自于爱情的洗礼、家庭的熏染，也来自于女人秀外慧中的外表与内涵。男人眼中的温顺女人是最有魅力的女人。

温顺在性格上体现的是善良、同情心和伟大的母爱；温顺在外貌形体上体现的是一张柔和的脸、微笑的脸，是眼光的友好、亲切、善良，是举止行为的得体、文雅、大方；温顺在为人处世上体现的是待人接物的温和体贴、细致入微与善解人意。

女性，最能打动男人的就是温顺。温顺像是一只纤纤玉手，知冷知热、知轻知重，让男人受伤的灵魂渐渐痊愈。温顺是女性特有的杀手锏，摸不着、看不见，但却是人人都能感觉得到的一种神韵。

温顺之情，是上天赐予女人的奇世瑰宝，是作为母亲和妻子的女人不可缺少的一种基本的资质和品性。真正的好女人，应该是爱的使者、温顺的化身。老子曰："夫不争，天下莫能与之争。天地间至刚者，必为至柔。"女子因其至柔，而成至刚。有道是：女子如此多娇，引无数英雄竞折腰。古往今来，无数英雄豪杰"冲冠一怒为红颜"即是典型例子。"最是那一低头的温柔，不胜水莲花似的娇羞"，道出了女人温顺的婉约美。可见女人存在的理由就是因为她具备男人所缺乏的柔韧。聪明的女人懂得利用自己的优势，常会借助温柔之美让男人乖乖举手投降。

有一次，维多利亚女王和丈夫谈话，语气流露出居高临下的味道。亲王有些不悦，独自一个人进了自己的房间，把门反锁起来。过了一会儿，他听见有人用力敲门，"谁?"他问道。"我，英国女王。"维多利亚女王傲慢地回答。但屋里没有丝毫动静，过了许久，又响起了敲门声，这一次声音轻多了。"谁?"亲王又问道。"是我，维多利亚，你的妻子。"维多利亚女王温顺地说。门，终于开了。

可见，女人的美貌，只能征服男人的眼睛；女人的温顺，却可以征服男人的心灵，让他们在不知不觉中心甘情愿地掉进温顺的"陷阱"。

男人最欣赏的女人是她永远咀嚼不尽的矜持，是她永远挥之不去的温顺。如果在他最困难、最痛苦的时候想到的是你，这意味着你是他的信赖和希望；如果在他最成功、最幸福的时候想到的还是你，这证明你是他真正的知己，因为只有与你共享才能给他带来真正的喜悦，真正的成就感和满足。恰似那一低头的娇羞，源自心念电闪的灵犀一现，源自女人永恒的智慧与温顺。

如果说，男人可以征服世界，那么女人则是通过征服男人来征服世界的。当男人在情绪上有什么不安时，聪明的女人能窥见丈夫的不安，了解丈夫的无助，小心地走过去，温柔地对丈夫说，"亲爱的，抱我一会儿"，继而询问他心里烦什么，于长久的拥靠中适时地交换意见，在自然氛围中让他感受到你的深情挚爱、和谐与温馨。这就是温柔的力量，像水一样流动，浸润滋养性情，却滴水穿石。

可笑的是，如今有些女性在谈到温顺时，竟会这样说——都什么时代了，还谈什么温顺。相信，这种回答必然会令男士们心痛而又无奈。应当指出，女性在社会中追求独立人格的同时，不应放弃温柔的一面，何况温柔与追求独立人格并不矛盾。男人需要女人温柔，正如女人需要男人阳刚一样，这是心理和生理的差异造成的，也是男人和女人之间的互补性要求，温柔是美德、是理解、是关怀，女人温柔一点无疑是给爱情加点巧克力。

要知道男人对女人的渴慕，起因出于容貌，结尾在于温柔。每个男人，都会痴迷于女人漂亮的脸蛋，但这张面孔依附于你之后，男人终有一天会顿悟，最可贵的原来是温柔。

女人温顺的本质绝对不是软弱，而是指处世的豁达。生性豁达的女人，未必大富大贵，却能洒脱快乐。"豁达"一词在《汉语大辞典》中解释说：形容人胸怀开阔，宽宏大量，能容人容事。豁达是一种大度和宽容，豁达是一种品格和美德，豁达是一种乐观和豪爽。豁达是一种博大的胸怀、洒脱的生活态度。女人拥有豁达的心胸不仅能包容别人，也是自己获得快乐和幸福的一大秘诀，实乃令人羡慕的性格，人生的最高境界之一。

温柔豁达的心胸不是大智若愚者的专利，也不为先贤们所独有，它隐藏在我们每个人的心中，靠我们用心来包容。当你为小事而勃然动怒时，宽容迷失在精神沙漠里；当你饱含深情地为失学儿童伸出援助之手时，博爱的因子就在你血液中流淌……

君不见周郎气短，以致英年早逝，空留滔滔江水；君不见太宗能容，乃有大唐盛世，流芳百世佳话。古往今来，不同的心态造就了不同的人生、不同的结局。

女性要在自己的日常生活中，注意加强性格上的自身修养，培养女性柔情。遇事通情达理，为人谦和，充分尊重和理解他人，宁可自己吃亏，先替别人着想。懂得感谢生活，感谢为我们提供衣食住行之便的人们，感谢给了我们生命的父母，感谢激发了我们潜能的敌人乃至逆境。同时富于同情心，对于弱者、境遇不佳者，不会坐视不管、漠不关心，应尽力提供帮助。

女人拥有温柔豁达的心态，才能在滚滚红尘中从容淡定。豁达是女人润泽身心的美容剂，它会发射出很强的磁性，让女人充满亲和力。

太辛辣、太嚣张的女性感觉不是美，而是一种刺激。弥尔顿说："男人为思想及勇气而生，女人为温柔及典雅而生。"温顺豁达的女人，才是最让人心动、最美丽的女人。她们如暗香长留，清美幽远，似微笑的天使，怡人心醉。优秀女人的美丽似柔和的轻风，给世界带来似有若无的温馨，当然它也包蕴篝火一般的热情。然而你看跳动的火苗舒卷的舌头是如此柔和，似嫩红的枫叶，像浸湿的红绸，让你的心灵如此熨贴。

夕阳西下，相伴黄昏，一对老年夫妻，有说有笑地相携走过，那份柔情蜜意，就是热恋中的情人也不过如此。他们也许会偶尔争吵，但妻子就连责备的话也充满了温柔……

女人温顺与豁达的性格似静水流淌，是征服他人的神奇力量，足以承受生活中千难万苦。温柔与豁达就是一种教养、一种情怀、一种悲天悯人的大智慧。

## 找准位置，才能体现价值

有一块铁非常羡慕花瓶：盛满清澈的水，还可以和美丽芬芳的鲜花亲近，更重要的是它非常受人重视，每天都被摆在显眼的茶几上，当花瓶是一件多么幸福事啊！因此铁苦苦哀求匠铁将自己做成花瓶。几天后，铁花瓶如愿以偿地站在了茶几上，它觉得风光极了，然而没过多久，铁花瓶就被扔到了角落里，因为在水的侵蚀下，它浑身都长满了难看的铁锈，"我为什么会这样不幸啊？"它向邻居老猫哭诉着。老猫仔细看了看它叹了口气："你应该成为斧头或刀，你的不幸是因为摆错了自己的位置！"

对于一个女人而言，最重要的是要认清自身的价值所在。如果你是一颗螺丝钉，那么就要尽力找准自己的位置，螺丝钉虽然很不起眼，却可以为机器的运转发挥作用，但如果螺丝钉愣要充轴承或是其他什么重要部件，那它就会成为垃圾。

遗憾的是，一些女性朋友往往找不准自己的位置，她们或许能够成为不错的教师，却偏偏要去学习法律，因为此时法律正热，律师最火；有些女士明明可以成为很好的医生，可是偏偏去学习经济，因为这时经济人才奇缺，各单位都在高薪诚聘；一些女性明明是技术流、业务好手，可非要追求权力位置，因为大家都认为只有被提拔才意味着被认可……

这些女性朋友错误地认为，当自己置身于热门行业、职业时，就俨然处在了社会光环的中心，就会得到荣誉、地位和财富，就实现了自我的价值。待到她们花尽毕生精力去追求之后，才会恍然大悟，原来自己真正应该做的事情没有做，自己所追求的很多热门根本就不适合自己做，抑或那本来只是一些炫目的泡沫。

有一个销售公司的经理，因为部门效益不好而即将被解雇。但是这时，一个为她工作的业务员拉来了一笔大订单，使部门业绩一下子飙升到全公司的榜首位置。经理保住了她的职位，为此她非常感谢这位业务员，并提议要将她擢升为部门经理。没想到这位业务员立刻回绝道："我天生就是做业务的。如果现在你提升我的话，我只会浪费大家的时间，而将部门管理得一团糟。我手头还有一些客户要联系，我先走了！"说罢匆匆离去，又开始了她的新业务。

生活中，很少有人能像这位业务员那样，坚持站在属于自己的位置上。我们大多在流行时尚、热门话题、抢手职业等社会的喧嚣热闹中迷失了自己，于是一块块可塑之才，变成了边角料。我们应该认识到，人本身其实就是一种可贵的资源，只要寻找最适合自己的位置，就能发挥出自己的最大优势。

有一个生长在孤儿院中的小女孩，常常悲观地问院长："像我这样的没人要的孩子，活着究竟有什么意思呢？"

院长总笑而不答。

有一天，院长交给女孩一块石头，说："明天早上，你拿这

块石头到市场上去卖，但不是'真卖'。记住，无论别人出多少钱，绝对不能卖。"

第二天，女孩拿着石头蹲在市场的角落，意外地发现有不少人好奇地对他的石头感兴趣，而且价钱愈出愈高。

女孩兴冲冲地捧着石头回到孤儿院，把这一切告诉给院长，并询问个中缘由。

院长望着女孩慢慢说道："生命的价值就像这块石头一样，在不同的环境下就会有不同的意义。一块不起眼的石头，由于你的珍惜、惜售而提升了它的价值。孩子，你就像这块石头一样，只要自己看重自己，自我珍惜，生命就会有意义、有价值。"

的确，如果你自己把自己不当回事，别人更瞧不起你，生命的价值首先取决于你自己的态度。珍惜独一无二的你自己，珍惜这短暂的几十年光阴，然后再去不断充实、发掘自己，最后世界才会认同你的价值。

"将宝物放错了位置，它就变成了废物。"除了你自己，这世间没有任何一样东西能决定你的价值，如果你能摆正自己的位置，你就能实现自己的价值。

# 倾听自己的内心

跻身于日渐浮躁的社会中，女人应明确知道自己曾去过何处，今后又要去往何方，这样生命才会更有意义。

有这样一种说法：生活质量和品质的提升前提是知道自己想要什么。初听上去，这似乎是很世故的套话，没有表达什么实质性的内涵。事实上，在人的内心深处，的确需要一些目标和框架。

有这样一段文字："守一颗心，别像守一只猫。它冷了，来依偎你；它饿了，来叫你；它痒了，来蹭你；它厌了，便偷偷地走掉。守着一颗心，多希望像只狗。不是你守着它，而是它守着你。"原文是说爱情的，但是我们可以将它扩展到所有的事情上。

作为现代女性，我们需要的不应该仅仅是能够从容面对生活，更要能够倾听自己的内心，创造自己想要的生活。对于一个女人而言，自知是她的源泉。自知的基础是有主张、有认识，知道自己是做什么的，知道自己想要什么、能要什么。无论自己有什么想法，只要能被轻易左右的都是没价值的，能被轻易打乱的都是不够坚定的。有了生活目标和事业追求以后，相信自己一定能行，相信自己能够达到自己想要的那个样子。自知衍生从容，

从容导致坚定，坚定决定成就，成就成全安详。女人只有知道自己究竟想要什么，才可以活得精彩辉煌。

在我们周围，有太多太多的人只是生活的被动者，他们每天疲于奔命，像一只没头苍蝇一样跌跌撞撞，又或将自己扮演成了一个消防队员，急着赶去扑救生活的火灾。每一天都在毫无目的的庸庸碌碌中度过，然后，百般懊恼，埋怨命运不公。就像印度诗人泰戈尔所说的："当你为错过太阳而流泪的时候，你已经错过群星了。"要知道，生活就是一面镜子，你如何对待生活，生活也如何对待你。没有明确目标的人，真是连祈祷都无门。神都会说："你自己都不知道自己要什么，我又怎能给你想要的生活？"

要知道，没有明确的目标，你就永远无法到达终点。无论何时何地，要明确自己的目标。多少人每天忙忙碌碌埋头苦干，被工作和生活压力所迫，渐渐地淡忘了梦想，目标开始模糊，人生或定位不清，或目标不明，不知往何处去。

每一天，我们都遇到对自己的人生和周围的世界不满意的人。你可知道，在这些对自己处境不满意的人中，有98%的人对心目中喜欢的世界没有一幅清晰的图画，他们没有改善生活的目标，甚至没有一个人生目标来鞭策自己。结果是，他们继续生活在一个他们无意改变的世界里。

每年年底的时候，公司总是会要求你对一年的工作做出总结，对新一年的工作做出规划。尽管这好像是例行公事，但事实上，回顾自己这一年来的工作，为新年的工作做个计划是很有必要的。当你为去年一年的收获而欣喜时，你必须问自己：新的一年我准备做什么？有什么新的计划？这一年里我要完成什么样的目标？有了新的目标，你就像在茫茫大海中航行的小船在前方看到了照明的灯塔，始终能够瞄准目标，加快速度，全力前行。

如果有机会的话，找一个安静的、不被打扰的空间，与自己的心灵对话，列一个清单，把那些你真正的想法具体表述出来，越详细越好。或许你会惊讶，原来，那些名牌的时装并不是你真正想要的东西，放下所有的包袱去旅行才是你的短期目标。

聪明的女人给自己定下目标之后，目标就在两个方面起作用：它是努力的依据，也是对自己的鞭策。目标给了你一个看得着的射击靶。随着你努力实现这些目标，你就会有成就感。对许多人来说制定和实现目标就像一场比赛，随着时间推移，你实现一个又一个目标，这时，你的思想方式和工作方式又会渐渐改变。

这点很重要：你的目标必须是具体的，可以实现的。如果计划不具体，会降低你的积极性。为什么？因为向目标迈进是动力的源泉，如果你不知道自己向目标前进了多少，你就会泄气，甩手不干了。

让我们看个真实的例子，说明一个人若看不到自己的目标就会有怎样的结果。

1952年7月4日清晨，加利福尼亚海岸笼罩在浓雾中。在海岸以西21英里的卡塔林纳岛上，一个34岁的女人涉水下到太平洋中，开始向加州海岸游过去。要是成功了，她就是第一个游过

这个海峡的女性，这名妇女叫费罗伦丝·查德威克。在此之前，她是从英法两边海岸游过英吉利海峡的第一个女性。

那天早晨，海水冻得她身体发麻，雾大得连护送她的船都几乎看不到。时间一个小时一个小时地过去，千千万万的人在电视上看着。有几次，鲨鱼靠近了她，被人开枪吓跑。她仍然在游。她的最大问题不是疲劳，而是刺骨的水温。

15个小时之后她又累又冻，浑身发麻。她知道自己不能再游了，就叫人拉她上船。她的母亲和教练在另一条船上。他们都告诉她海岸很近了，叫她不要放弃。但她朝加州海岸望去，除了浓雾什么也看不到。几十分钟之后——从她出发算起15个小时零55分钟之后，人们把她拉上船。又过了几个小时，她渐渐觉得暖和多了，这时却开始感到失败的打击，她不假思索地对记者说："说实在的，我不是为自己找借口，如果当时我看见陆地也许我能坚持下来。"人们拉她上船的地点，离加州海岸只有半英里！后来她说，令她半途而废的不是疲劳，也不是寒冷，而是因为她在浓雾中看不到目标。查德威克小姐一生中就只有这一次没有坚持到底。两个月之后她成功地游过同一个海峡。她不但是第一位游过卡塔林纳海峡的女性，而且比男子的纪录还快了大约两个小时。

查德威克虽然是个游泳好手，但也需要看见目标，才能鼓足干劲完成她有能力完成的任务。当你规划自己的成功时千万别低估了制定可测目标的重要性。

还有非常重要的一点：聪明的女人总是事前决断，而不是事

24

后补救。聪明的女人未雨绸缪、提前谋划，而不是等别人的指示。聪明的女人不允许其他人操纵自己的生活进程，因为她们知道，不事前谋划的人是不会有进展的。聪明的40岁女人会举出诺亚为例，他可没有等到下雨了才开始造他的方舟。

女人不知道自己要什么很正常，因为人一生下来就不知道，但要知道自己不要什么并不容易做到，有时人一生都无法知道。我指的不是战争、饥饿、苍蝇、蚊子等坏东西，而是好东西，比如升职、加薪、分房、出国进修、海外轮岗。你一定要问，有什么理由拒绝这些好处呢？唯一的理由是，如果得到这些利益，你将离自己最想要的东西越来越远。任何利益都有附加条件，当这些附加条件不符合你的最高利益时，它们就是利益的代价。

这样的利益越多，代价就越大，我们就会离真正的目标越来越远。想想看，有多少人为了升职或提高收入而去做自己不擅长也不热爱的工作；又有多少人明知自己适合也愿意做职业经理人，却抵不住诱惑，去做创业者，结果一赔到底。

鞋子合不合适只有脚知道，工作合不合适只有心知道。以自己的心和职业激情为依据选择工作，以便让自己保持对工作的持续热爱，这虽然是一种理想，但我们都有机会尽量靠近它。靠近的条件不仅要有明确的职业目标，还要懂得放弃不符合职业目标的利益，并培养放弃的勇气和能力。面对选择时，我们要坚持做自己最想做的事，而不被眼前利益所左右。即使一时不知道自己要的是什么，也不要那些明知自己不真正想要的好东西，免得受其牵累。

人活着一定要有目标，要知道自己要什么不要什么，然后就要不懈地去努力。尤其对于女人，作为很容易迷失自我的群体，我们的感性总是大于理性，所以生活中更要有自己的目标，更要清楚自己想要什么，不要什么。

## 何来绝对完美

当一个女人对自己及他人要求过高、力求完美时，就会表现得固执、刻板、不灵活，给自己或他人设定一个很高的标准，非要达到不可，受到挫折就会感到非常痛苦，无法接受。

其实，生活中存在着太多的不如意，如果事事苛求完美，生命也就毫无快乐可言。

一个魂灵对阎罗王说："您派给我一个最好的形象，我将永远崇拜您。"

阎罗王仁慈地回答："好，你准备做人吧，这是世界上最好的形象。"

魂灵问："做人有风险吗？"

"有，勾心斗角、诽谤、夭折、瘟疫……"

"另换一个吧？"

"那就做马吧！"

"做马有风险吗？"

"有，受鞭笞、被宰杀……"

"唉，请再换一个吧。"

"老虎？"

"老虎！"魂灵乐了，"老虎是兽中王，它一定没风险。"

"不，老虎也有风险，有时被人猎杀，有一种动物是它的克星……"

"啊，阎罗王，我不想当动物了，植物总可以吧。"

"植物也有风险，树要遭砍伐，有毒的草被制成药物，无毒的草人兽食之……"

"啊……恕我斗胆，看来只有您阎罗王没风险了，让我留在你身边吧……"

阎罗王哼了一声："我也有风险，人世间难免有冤情，我也难免被人责问，时时不安……"说着，阎罗王顺手扯过一张鼠皮，包裹了这个魂灵："去吧，你做它正合适。"

完美主义的人往往不愿意接受自己或他人的弱点和不足，非常挑剔。所以，我们看到有些女士一直没有什么好朋友，总是找不到男朋友，与谁都和不来，经常换单位，那是因为她谁都看不上，甚至会因为别人的一些小毛病，而忽略了别人的主要的优点。

一般来说，具有完美主义思想的女人表面上很自负，内心深处却很自卑。她看不到优点，只盯着缺点，总是不知足，很少肯定自己，自己就很少有机会获得信心，当然会自卑了。不知足就

不快乐，痛苦就常常跟随着她，周围的人也一样不快乐。所以说，女人，学会欣赏别人和欣赏自己是很重要的，是帮助我们进一步实现下一目标的基石。

完美主义性格的形成和早期教育有很大关系，但成年后还是可以有意识地进行调整。女人，只有充分认识到生活中没有十全十美这一点，才能看到生活中美好的东西。

文丽一直单身，突然在35岁那年结了婚。丈夫跟她的年纪差不多，是个过气的艺术家，曾经结过两次婚，都离了。在朋友们看来，都觉得她挺亏的，这不是一个好的选择，因为新郎身上的瑕疵太多了。

有一天，她跟朋友出去购物，路上一边开车、一边说笑。文丽突然感慨道："我这个人，年轻的时候就盼望着能有名车，可是没有钱，买不起。现在呀，还是买不起新车，所以就买了辆二手车。"

她的确开的是辆二手车，朋友左右看看说："二手？看来很好哇！马力也足！"

"是呀！"她大笑了起来，"旧车有什么不好？就好像我丈夫，以前娶过两个女人，还在艺术圈里混了十几年，颇有几分历尽沧海桑田的感觉。现在年龄大了，收了心，不会再像以前那样心浮气躁，而且又做的一手好菜，又懂得体贴人。说老实话，现在正是他最完美的时候，反而被我遇上了，我真是幸运呀！"

"你说得挺有道理的！"朋友陷入沉思。

她握着方向盘，继续说："其实想想我自己，难道就完美吗？

我还不是千疮百孔,有过许多往事、许多荒唐。正因为我们都走过了这些,所以两人都变得成熟、都懂得忍让、都彼此珍惜,这种不完美,正是一种完美啊!"

你看,正因为文丽能够承认自己的不完美,她才不去苛求爱人的完美,结果两个有瑕疵的人才能凑到一起,组成一个幸福的家庭。从某种意义上看,人就是生活在对与错、善与恶、完美与缺陷的现实中,我们既然能从自己非常优秀与完美的现实中受益,为什么就不能从自己的缺陷中受益呢?

正所谓"金无赤金,人无完人"。每个人或多或少都会存在一些缺陷:外貌上的,性格上的,经历上的……当一个女人懂得承认自己的不完美时,她也就真正地成熟起来了。

卢女士已经 37 岁了,两年前丈夫不幸病故,家里人都执意让她再找一个意中人,热心的朋友也劝她早日结束独身生活。卢女士虽然也看过几个对象,但都没有成功。原因是卢女士和别人见面后,总是先把自己的缺陷和盘托出,暴露无余,令一些人"望而却步"。她的朋友数落她时,她却振振有辞:"年轻时搞对象都没有装模作样过,老了更不用掩饰,我就是这样一个有瑕疵的女人,先让对方看清楚点不好吗?"

后来,卢女士还真找到了一位心心相印的意中人,据说对方就是看中了卢女士毫不掩饰、勇于承认缺陷的优点,认为这人难得的实在。由于卢女士事前把自己的缺陷毫无保留地告知对方,对方"扬长避短",两人配合默契,生活得很美满。朋友们都说,实在人有实在命,卢女士这是用袒露缺陷换来的幸福。

其实，人有缺陷并不可怕，可怕的是刻意掩饰，自欺欺人。卢女士不是这样，在对方面前大胆袒露自己的缺陷，出自于内心的真诚和对别人的信任。她那透明的真诚理所当然也换来了对方的信赖与爱慕。把自己的缺陷袒露人前，也就同时把自己的真诚毫无保留地献给了对方。在日常生活中往往有这样的情况，越是刻意掩饰自己的缺陷，自己活得越累，有时甚至还显得很尴尬。这是因为缺陷是客观存在的，掩饰往往会弄巧成拙。卢女士真诚袒露缺陷的结果，使对方理解她的缺陷，容纳她的缺陷，还有意识地弥补她的缺陷，这正是他们后来生活幸福和谐的基础。

诚然，掩饰缺陷或许是人的一种天性，毕竟能在大庭广众之下袒露自己缺陷的人，实属不多。因此，袒露缺陷确实需要勇气，要战胜自己的懦弱，战胜自己的虚荣，还要战胜世俗的偏见。所有这些，没有超人的勇气是万万做不到的。

然而，在人世间，人是注定要与"缺陷"相伴，而与"完美"相去甚远的。所以不完美也是一种完美，能够接受世界不完美，承认自己不完美的女人是豁达、成熟的女人，更是智慧的女人！

# 不做花瓶,做气质型美女

岁月的流逝,可以带走女人青春的容颜,却带不走历经岁月积淀以后,女人焕发出来的千般魅力、万种风情。这种美丽如秋季弥漫的果香一样:由内而外,蔓延荡漾、温润香浓。这份魅力便是女人特有的气质,是女人的智慧、内涵与修养。

有气质的女人静若幽兰、香远益清,她们不会随着岁月的流逝而失去光泽,只会如老酒一样愈发香醇浓郁。有气质的女人是一道永不褪色的风景线,笑看岁月,红颜不老……

# 没有丑女人，只有懒女人

女人，行走在城市的街头巷尾，能在第一时间抓住别人眼球的是什么？没错，正是我们的形象。形象是女人的一张名片，是一种无形的资本，优越的气质和形象决定着女人的价值。

有人说："没有丑女人，只有懒女人"，其主旨是在指责那些懒于美化自己的女人——上天赐给了你如此优渥的资本，你为何要糟蹋它呢？我们不妨试想一下，倘若一个女人衣冠邋遢，头不梳、脸不洗，蓬头垢面的满街游走，别人会以怎样的眼光看她？这又有什么美丽可言呢？

早在半个世纪以前，世界著名品牌"香奈儿"的创始人——加布里埃·可可·香奈儿，就曾一针见血地指出："不用香水的女人没有未来！"香奈儿夫人非常注重自己的仪表，她每天都要抽出一定的时间精心装扮自己，时刻让自己散发着迷人的风姿。用她的话来说，这样做是因为"不知道机会何时会突然出现，所以每天都要精心设计一个淡妆，以迎接随时可能到来的机遇。"

在西方流传这样一句名言——"你可以先将自己打扮成那个样子，直到自己成为那个样子。"女人，如果能够对自己的形象加以细心呵护，那么将更有助于你推开幸福与事业的大门。良好形象能够提高我们的竞争能力,帮助我们争取到一次又一次的机遇。事实上,那些魅力无限的成功女性,其个人形象都是经过精心塑造的。

艾斯蒂·劳达有"化妆品王后"之称,她身价高达数十亿美元。此外,她耀眼的形象、无可阻挡的魅力、高贵典雅的气质、不俗的谈吐,更是令人倾慕不已。

艾斯蒂·劳达的教育程度不高,起点也很低,主要是为叔叔研制的化妆品做推销工作。为此,她必须顶风冒雨走街串巷,其中艰辛自不必说,但劳达从未抱怨过。在经过一段时间的历练以后,她积累了一定的人生经验。于是,她建议叔叔研制一些高档化妆品,并开始向上流社会进行推销。不过,这一措施并没有得到良好收益,劳达很想弄清个中缘由。

于是,在被一名贵妇拒绝以后,她鼓起勇气问道:"我很想知道,您为什么要拒绝我的产品呢?是因为我的推销技巧很差吗?"

对方开诚布公但略显尖酸地回答:"这与推销技巧无关,而是你的问题。你必须承认,你给人感觉就是档次很低,这又如何让我相信你的产品呢?"

劳达顿有一种受辱之感,但她知道,自己已经找到了问题的根源——产品档次的高低,取决于推销人的档次。

她狠下心要对自己进行"整容"。于是,她开始刻意模仿名流女性,效仿她们的穿着打扮以及言谈举止。不仅如此,她又意识到,塑造不能仅限于外表,而应更加注重塑造内在美。基于

此，劳达有意识地培养自己的自信心，同时也非常注重知识的丰富与提高。

一段时间过后，劳达摇身一变，成了一名内涵丰富、举止优雅的迷人女性。她开始走进上流社会，向名媛贵妇们推销自己的产品，并获得了前所未有的成功。

一个对形象注意有加的女人，往往会在人群中得到信任，更能在逆境中获得帮助，也必定能够在人生中不断找到成功的机会。事实上，她们是在用自己的形象、魅力影响着别人，最终成就了真正精彩的人生。

玛丽是一个苦命孩子，自幼父母离异，一直与母亲相依为命。为维持生计，她不得不在13岁时辍学打工，以补贴家用。玛丽找到的第一份工作是在服装店打杂，每天的任务就是帮客人试衣服，并清理店中的垃圾。

工作性质使然，玛丽时常会接触到一些上流社会的女士，她们以豪华轿车代步，举手投足之中尽显高贵、优雅之态。看着这些衣着考究、端庄大方的名媛们，玛丽心中不由升起一个强烈愿望——希望自己有朝一日也能像她们一样光彩照人。在这个念头的驱使下，玛丽无论工作多么辛苦，都会尽量保持迷人的微笑，接待顾客时也会极力模仿那些名媛，表现得落落大方。

一段时间以后，奇迹出现了——原本毫不起眼的玛丽，竟然成了服装店的标志。不仅仅是老板、同事，甚至连顾客都对她喜爱有加，很多人点名要玛丽为自己试衣。鉴于玛丽的出色表现，老板破格提拔她为助理裁缝。又过了两年，玛丽已然成为服装店的首席设计师。

当然,形象并不单单是指穿衣、外表、长相、发型、化妆等,它是一个综合概念,是一个女人外在魅力与内在魅力的整体体现。形象并不局限于漂亮的脸蛋儿、傲人的身材、醉人的微笑,更包括人生思想、追求抱负、价值观、人生观等。从某种意义上说,塑造形象就是女人与社会进行沟通,并为社会所接受的一种方式。

某英国企业家坦言:"若是你认识昨天的我,那么今天你一定会说,我与昨天简直判若两人。其实,没什么大惊小怪的,因为今天的我,从内到外都经过了精心的设计和塑造。"

由此可见,要想成为一个幸福、成功的女人,从今日起,我们就必须下定重塑自身形象的决心,不仅要对自己走姿、坐姿、音调、着装、化妆等进行精心地设计,同时还要最大程度地丰富自己的内涵。如此一来,假以时日,你便可以散发出迷人的魅力,便可以紧紧地抓住人们的眼球!

## 男靠衣装，女靠妆容

毋庸置疑，女人往往比男人更易衰老。男人，多选择用衣装来衬托自己的气质，而我们女人同样拥有令自己永葆青春的"法宝"——没错！就是妆容。

女人，尤其是人到中年以后，昔日美丽的容颜已然经不起岁月风霜的打磨。可是，如果你放弃了自己，对自己的外表放任自流，你会发现，生活的美好也在渐渐地远离……谁说女人一定要为悦己者容？女人要对自己好一点，女人应该懂得精心保养自己，这样，在红颜渐逝之际，你便依然可以保持女性魅力，继续散发着动人的气质。对于女人而言，一个光彩四射的形象，不仅有利于夫妻关系的融洽，更可以增强自信，还有比这更美妙的事吗？

然而，岁月无情，时间是摧毁女性娇容最残酷的杀手。谁也无法拦住时间的列车，也无法使自己的肌肤永远像少女一样娇嫩白皙。于是，用化妆来掩盖岁月之痕，便成为古今中外女性留住青春的重要手段。

人们常说："三分长相，七分打扮。"一个女人，如果不懂得利用化妆来演绎自己的风情和美丽,那真是一种遗憾;而如果一个女人太看重化妆而又不懂化妆,那就更让人惋惜了。

我们其实渴望自己是化不化妆都很美的女人。就是说,我们不能总是"一张不化妆的脸",也不能总是"一张化着妆的脸",那都太单调、太欠丰富。

女性在化妆时的表情和心情是最好的,抹眼影涂口红的瞬间,眼睛和身心都会因为美丽的层层实现而大放光彩。落妆时则有卸下束缚的放松感和自由感带来的美丽。

女人身上总有一场看不见的"化妆"与"素面"的争论,她们在比较谁更漂亮。此时的女人一定会站在"素面"一边,因为女人在无意识中都希望自己化妆前比化妆后更美丽。实际上是这种美化了"素面"不输给"妆面"的心理会成为一种能量鼓励着女人,使"素面"真的会增添些美丽,而不怕年龄的增长。不久后,女人又希望用化妆使"素面"的美丽增倍,渐渐地,随着化妆技巧的提高,"妆面"也变得更美了。

"素面"与"妆面"来回交替的过程中,女人变美了,这就是化妆真正应达到的效果。因此,女人谨记,千万不要成为"永远不识真面目的女人"或"永远不化妆的女人"中的任何一种。

有一位化妆师,她是真正懂得化妆,而又以化妆闻名的。

一次,有人问她:"你研究化妆这么多年,到底什么样的人才算会化妆?化妆的最高境界到底是什么?"

对于这样的问题,这位百媚千娇的化妆师露出一个深深的微笑。她说:"化妆的最高境界可以用两个字形容,就是'自然',

最高明的化妆术，是经过非常考究的化妆，让人家看起来好像没有化过妆一样，并且这化出来的妆与主人的身份匹配，能自然表现那个人的个性与气质；次级的化妆是把人突显出来，让她醒目，引起众人的注意；拙劣的化妆是一站出来，别人就发现她化了很浓的妆，而这层妆是为了掩盖自己的缺点或年龄的；最差的一种化妆，是化过妆以后扭曲了自己的个性，又失去了五官的协调。"

化妆师又继续说："这不就像写文章一样？拙劣的文章常常是词句的堆砌，扭曲了作者的个性；好一点的文章是光芒四射，吸引了人的视线，让别人知道你是在写文章；最好的文章，是作家自然的流露，不是词藻的堆砌，读的时候不觉得是在读文章，而是在读一个生命。"

"化妆对女人来说只是最末的一个枝节，它能改变的事实很少。深一层的化妆是改变体质，让一个人改变生活方式。睡眠充足、注意运动与营养，这样她的皮肤改善、精神充足，比化妆有效得多；再深一层的化妆是改变气质，多读书、多欣赏艺术、多思考、对生活乐观、对生命有信心、心地善良、关怀别人、自爱而有尊严，这样的人就是不化妆也丑不到哪里去。脸上的化妆只是化妆最后的一件小事，我用三句简单的话来说明：三流的化妆是脸上的化妆，二流的化妆是精神的化妆，一流的化妆是生命的化妆。"

其实，浓妆艳抹毕竟只是一种精神上的自我安慰，化妆品美容的功效毕竟是经不起岁月考验的。美不仅仅表现在肌肤的细嫩白皙上，女性的美更表现在气质优雅、成熟、有文化的内涵上。于是，一些聪明的女性在充分认识化妆品美容功效的局限性后，开始将心思用在了培养气质美、成熟美、情操美以及丰富心灵的内涵上，这样的美才能愈久愈醇，永葆活力。

## 姿容不及修养，性感不如品位

做一个引人侧目的女人，未必要有绝色的姿容，也不一定非要做个性感的尤物，但有一点必不可少，那就是你的品位与修养。

日本有一部电影叫《川流不息》，一个极力歌颂真、善、美的单调故事，但其真挚的情意又不能不深深地打动你：少女时代就离开故乡的女作家，60 岁患癌症时返回了故乡，她拒绝手术，因为那样就得躺在床上不能行动了，而不动手术就只能活 3 个月。而她选择了这 3 个月，为的是去实现返回故乡、与初恋情人和旧时好友团聚的心愿。

这位女作家虽然不再年轻，但依然很漂亮，这种漂亮源于她一生无悔的追求所造就的优雅气质和对生活的品位以及认知。女作家是真正的外柔内刚，她追求美丽，但也不惧怕死亡，甚至把死也当成婚礼一样的盛典：化好妆，身着华丽的和服，端坐在椅子上对着摄像机，诉说着自己最后的人生感悟，并深情地唱起了一首歌……
这首歌感动得所有的人都流泪。你觉得她会衰老吗？她会死，但不
会老。或者是即使老了也依然是美丽的。因为这就是一个女人的优
雅，一个女人的品位，不因容貌的消逝而减少，反而会因此而让品
位添色，这也是女人美丽的根源所在。

有一位中国女作家曾在一篇文章中写道：在国外，你随处可
以看见静静地坐在公园里读书或是听音乐的老人，自得其乐地享
受着人类最经典文明的结晶。在外国的大教堂里，那些穿着得
体、举止优雅的老太太，她们那高贵的气质刹那间让她自惭形
秽。她相信，在中国，再美丽的女影星也无法同她们媲美。那是
一种足以与岁月抗衡的文化修养的结果，是一种文化的品位。你
能说那些老太太不是美丽的吗？

相反，美国作家杰克·伦敦笔下曾出现过这样一个美女：

那是一位风姿卓绝，仪态万千的贵族女士，她从游轮的甲板
上走过，所有的男士都会为她所倾倒，争相向她致意，大献
殷勤。

当时，游轮尚未起航，一群绅士与淑女闲着无聊，便与几个
男孩做游戏。他们将一枚金币抛向海面，紧接着男孩子们便会跳
下去，谁能捞到，金币就归谁所有。这其中有一个男孩尤其引人
注目，作者形容他就像一个发亮的水泡，他的灵活和矫健赢得人
们一致赞叹。

忽然间，海面上出现了鲨鱼，众绅士、淑女连忙住手，而那
位美女却从身边的绅士手中要过金币，忘乎所以地向抛向海中。

几乎同时，那个漂亮、矫健的少年鱼跃而下，随即便被海中的鲨鱼咬成了两段。

众人目瞪口呆，继而纷纷离去，没有人愿意再多看那位美女一眼。

可以想象，在平日里，这位贵族出身的美女必然是以一身高贵的气质、雅致的装扮出现，任谁能不为她所吸引呢？可是，她的做法却折射出灵魂的粗俗与肮脏，这样的人又何谈品位与修养？即便风华绝代，又有谁愿意再多看她一眼呢？

由此可见，容貌并不是女人的绝对优势，而品位与修养才是一个女人最值得引以为傲的资本。所以，我们要做一个优雅的女人，做一个有品位的女人，我们必须从今天开始改变自己，去读书、学习、发现、创造，它能让你获得丰富的感受、体会和激情，你要学会爱自己、赞美自己，善待自己也善待他人，让生活充满了无穷的意义。作为女人你会因此更加灿烂，甚至苦难都能升华为诗一般的境界。

当然，美容、化妆、时装、健身虽然把女人包装得更漂亮，但气质不到位，品位不够，也不过就是一个美容院的老板娘而已，而不会成为优雅女人，一个有品位的女人。

女人的品位体现在女人的优雅，这种优雅不分阶层、贫富、贵贱，它是一种处乱不惊、以不变应万变的心态，也可说是一种历练。例如，美国女人不害怕离婚，更不会忍受丈夫的暴力，她会立刻出走，并潇洒地丢下一句话："哪儿不能谋生？哪儿没有男人？"而我们周围却有些女人总把离婚当成世界的末日。这是

因为她没有形成自我意识，任何微不足道的外在打击都能摧毁她的自信。其实，如果你自己不打倒自己，就没有人能打倒你。做一个美丽优雅的女人，做一个有品位的女人，就是相信自己、相信爱情、相信人生中所有美好的东西，而唯一应该忘掉或平淡对待的就是痛苦。要知道痛苦是一种经历，会让女人在以后的生活中更为优雅，更为有品位，更为美丽。

## 气质与风情并重

女人，由于外形与性别的优势，具有一种天赋的气质。贾宝玉说：女人是水做的骨肉，我见了女人便清爽……所以从某种意义上讲，女人是美的。而美的女人如果再进行一些外形上的装扮与内在素质上的提高，要获取一种高贵的气质美是易如反掌的。

一个女人一旦拥有了不凡的气质，她将终生受益。因为，气质是永不言败的。

气质是集一个人的内在精神而释放出来的高品格的影响力。犹如一颗夜明珠，给人的不仅是惊喜，还有耳目一新的感觉；犹如一缕暗香，让人不知不觉沉醉；犹如一道惊雷，让人清醒。

气质是一种修炼到超越自我的境界。这种境界，让人脱俗，使一个普通的人变得高雅,胸怀坦荡,行为超凡入圣。因此,一个有气质的女人,面对不同程度的困境,她不会胆怯。而最终气质可以帮助她扭转逆境的局面,取得意想不到的胜利。

因此,女性要寻找属于自己的气质,要在精神上树立独立的自我,通过对自己的"文化美容",找回真实的自我。

真正的女性气质的前提是要有崇高的生活理想。女性的命运不应决定于男性,而应取决于她自己的努力、她的气质以及她的才能发挥的程度。女性本人越重视自己的天资、才能、与男子的精神心理交往的能力,她的美和女性气质就越灿烂夺目。如此优秀的女人,还怕男人喜新厌旧吗?

女人的气质会让女人拥有一片属于自己的"精神家园",占有属于自己的心灵空间。即使遇上再多的不幸,也不至于造成太多的失望,太多的茫然……

气质女人懂得如何刚柔并济,有时如一盆火、一块冰,有时似一杯茶、一盏纯酿。她是男人得意忘形时的清醒剂、颓废沮丧时的启动器。气质女人时而温柔、时而刚强、时而浪漫、时而平实、时而文静、时而活泼。丰富的内涵给人以新奇,宽容的胸襟使人敬慕。她是维系家庭的磁石,是工作中的最佳拍档。气质女人是放风筝时用的线轮,风筝飞得再高也要有线牵引着。

女人的气质是女人最真实、最恒久的美。再美的女人,如果没有气质,也只是一个花瓶而已。相反,天生并不美的女人,即使是没有华丽的服装,一旦拥有健康的翅膀,也会立刻神采飞扬,展翅高飞了。外表的美是短暂而肤浅的,如同天上的流星,

转瞬即逝。而气质，渗透于女人的骨髓与生命之中，让她们在面对岁月的无情流逝时，拥有一份从容和淡泊。

风情，亦是一种让人赏心悦目的独有气质，是一种成熟的极致美。

风情万种的女人，不会随着时间的流逝而慢慢凋零。她们是人生四季里的长盛花，鲜艳却不张扬地盛开着。一如梦露，即便故去多年，依然是大多数男士的梦中情人，她可谓是将风情演绎到了极致。

女人，处处有风情，除了那顾盼秋波的眸子，女人在形体语言、身体曲线、音容笑貌、服饰妆容、衣鬓流香之间，也会风情摇曳。她们身上的每一处细节、一招一式都可以风情十足。风情是非常女人化的一种成分，它无形无色，像丘陵的微风，你感觉不到它的存在，却看得见满坡枝叶的摇动，这股风来自于内心。

真正的风情，不在于卖弄，而在于自然地流露。风情在于女人对自身恰当地把握，敛与放的分寸至关重要。如果你过于收敛风情，也许你就显得端庄典雅有余，但韵味风情不足；如果你过于张扬放肆，你就失之于轻佻风尘。

裙裾轻飘，袅袅浅行，盈盈水眸，回首一笑，这些都能在不知不觉间扣紧了他人的心弦，让他人如饮甘露，这就是女人的风情。

风情万种不是美女的专利，风情是一个人对精致的追求，是一种生活的态度。女人，岁月在逐步掠夺她们青春的同时，给了她们风情的馈赠。风情万种的女人恰似一首意犹未尽的美诗,给人惊喜之余,回味无穷。

人说闻"香"识女人,其实看"衣"同样可以识女人。聪明的女人会创造自己的风格。融合了个人的气质、涵养、风格的穿着会体现出个性,而个性是最高境界的穿衣之道。一个人不能妄谈拥有自己的一套美学,但应该有自己的审美倾向,不能被千变万化的潮流所左右,亦步亦趋,而应该在自己所欣赏的审美基调中,加入当时的时尚元素,融合成个人品位。

女人,尤其是已近中年的女人,我们不再经得起岁月的磨砺,我们不能一直依靠靓丽的青春来维持自己的美丽。所以,聪明的女人会早早打造自己的气质与风情,让自己气质万千、风情万种,一个眼神、一抹情态、一丝微笑、一个动作,甚至眉尖上、头发梢上都洋溢着风韵无限,到处张扬着自己的魅力,这样的女人,是上天赐予人间的精灵与尤物。

## 知性女人,温润香浓

在《汉语词典》中,知性的定义是:"具备知识和理性等特质。""知性"除了标志一个女人所受的教育以外,其实还有一层更深刻的意义,应该是女人特有的一种聪慧,它源于女人所受的

教育和环境，可又并非是哪一个看上去文文静静一些的女人就都可以被称之为知性的。知性必然是一种积累，知识的积累，生活的积累。

知性女人，如同周敦颐在《爱莲说》中所描绘的莲一般："中通外直，不蔓不枝，香远益清，亭亭净植，可远观而不可亵玩焉。"知性女人不是压群艳、傲百花的牡丹，不是空守幽谷的山中木槿，而是携着矜贵香氛的精致白莲花。她们衣着素净，纯天然面料的衣服是她们的首选。她们不盲从潮流。但客厅的花是不会等到枯萎才换的，要么是干花，要么就是随心常换的鲜花，薰衣草、丁香、栀子之类不喧不闹，但绝对要清新宜人，这是贴近自我灵魂最简洁的行为之一。知性女人聪明却不张狂，典雅却不孤傲，内敛却不失风趣。女人的知性美是她们身上内敛着的一轮光华，它不眩目、不耀眼，其光若玉，温润、莹透、可感、可品、可携。

提到知性女人，就不能不说一说杨澜。

毋庸置疑，杨澜绝对称得上是当今中国最出色的女人之一，她集美丽、智慧、优雅、知性于一身，早在而立之年便实现了众多女性一生都无法企及的梦想。

1990 年，毕业于北京外国语大学、年仅 22 岁的杨澜在近千名竞争者中脱颖而出，成为当时热门栏目《正大综艺》的女主持人，并凭借优异的表现，迅速走红，成为家喻户晓的"女明星"，并在两年之后，一举斩获中国首届电视节目主持人"金话筒奖"。

然而，声名鹊起的杨澜并没有完全沉浸在成功的光环之中，正当事业蒸蒸日上之时，她毅然选择了前往美国深造。在此期间，她与上海东方卫视合作，打造"杨澜视线"这一专题节目，成功完成了从一个娱乐节目主持人向复合型传媒人才的过渡。

1998年，杨澜与凤凰卫视携手，打造《杨澜工作室》。从这一栏目的名称上，我们不难看出杨澜的睿智之处——以自己的名字命名栏目，即意味着该栏目不再是专属于凤凰卫视的品牌资源，杨澜与《杨澜工作室》互相依托，共生共存。其他栏目可以受电视台支配，任意调换主持人，但《杨澜工作室》绝不可以，因为没有杨澜何来《杨澜工作室》呢？

杨澜在与凤凰卫视合作的两年时间里，接触了众多社会名流，从而极大地丰富了她的信息与知识，这也为杨澜日后的事业发展奠定了重要的基础。

2000年，杨澜高调出场，将"良记集团"收购，并更名为"阳光文化网络电视控股有限公司"，依托"传媒概念"火热的大背景，成功地将自己的事业推上了又一个高峰。

如今的杨澜俨然已经成为国内大部分女性的偶像，她的家庭和谐，事业正如日中天，相信，美丽睿智的杨澜一定能为我们带来更多的精彩。

由杨澜身上我们可以看到，知性带给女人的是一种相对平静但余味更久远的魅力。与知性女人在一起，你可以享受到人与人之间最原始的那种如冬日阳光一样的温暖：轻松、雅致、自我、明智、舒畅，和她们待上一个下午，你一定能获得一种由透着活

力的平静滋生的希望和力量。

知性女人的定位，展现了都市女性应有的形象：有知识、有品位、有属于女性的情怀和美丽。

知性女人可以没有羞花闭月、沉鱼落雁的容貌，但她一定有优雅的举止和精致的生活。知性女人也许没有魔鬼身材、轻盈体态，但她重视健康、珍爱生命。知性女人兴趣广泛、精力充沛，保留着好奇的童心。知性女人有理性，也有更多的浪漫气质。春天里的一缕清风，书本上的几个精美词句，都会给她带来满怀的温柔。知性女人经历了一些人生的风雨，因而也懂得包容与期待……

知性女人是灵性与弹性的结合体。

灵性是心灵的理解力。有灵性的女人天生慧质，善解人意，能领悟事物的真谛。她极其单纯，但单纯中却有一种惊人的深刻。灵性是女性的智能。它是和肉体相融合的精神，是荡漾在意识与无意识间的直觉，是包含着深刻理念的感性。有灵性的女人以她的那种单纯的深刻令人感到无限韵味与魅力。

弹性是性格的张力。有弹性的女人，性格柔韧，收放自如。她善于妥协，也善于在妥协中巧妙地坚持。她不固执己见，但自有一种主见。弹性是女性的力，是化作温柔的力量。有弹性的女人既温柔，又洒脱，使人感到轻松和愉悦。

灵性与弹性的统一，表明女性也具有一种大气，而非平庸的小聪明。知性女人是具有大家风范的。

一个真正的"知性"女人，不仅能征服男人，也能征服女人。因为她身上既有人格的魅力，又有女性的吸引力，更有感知的影响力。

知性女人像一杯清茶，散发着感性的芬芳。知性女人关注时尚，打扮得体，气质优雅；知性女人内心浪漫，强调个性，对世界充满爱心和好奇；知性女人独立进取，智能坚强，努力追求自我价值的实现；知性女人还懂得给男人空间，深谙风筝和丝线的关系，不动声色地把男人的心拴得更牢。她有清新淡雅的面容，妩媚温婉的回眸，顾盼生辉的举手投足。她亦正亦邪，收放自如，将女人的魅力随心所欲地发挥到极致。

知性女人是一种涵养、一种学识、一种花样魅力的象征，由内而外散发出来，时间在她身上只是弹了一个巧妙而圆润的跳音，将她出落得更加魅力动人。

知性与品位是女人魅力的一对姐妹花，高品位会让女人浑身上下散发出柔和淡雅的知性之美，知性会让女人的品位更高。

打扮外表很容易，或许你只需要稍加用心就可以了。而要想提高品位，那就得下点工夫了。

泡图书馆、听音乐会、参观名画展、进行一些民间文艺考察，甚至参与一些文化人搞的活动……这样在不知不觉中提高了你的品位，浑身流露出一种知性之美。

如果你这样不断地去充实自己，人们会发现一个一天更比一天睿智、一天更比一天高雅的你，那么，你的魅力是挡不住的。上天总是公平的，在关上一扇门的同时总会为世人打开另一扇窗户。女人随着岁月的流逝，容颜会开始慢慢褪去青春的色彩，但

是她们身上流露出来的魅力却更让人心动。成熟的头脑，由内而外散发出来的气质与风情，对人、对事、对物的知性与品位，无不是经过岁月洗练，沉淀下来的智慧与精华。

## 书香更添女人香

古人告诉我们："腹有诗书气自华。"罗曼·罗兰劝导女人："和书籍生活在一起，永远不会叹息！"书能让女人变得聪慧、变得丰富、变得美丽。台湾著名作家林清玄在《生命的化妆》一书中说到女人化妆有三个层次。其中第二层的化妆是改变体质，让一个人改变生活方式、保证睡眠充足、注意运动和营养，这样她的皮肤得以改善、精神充足。第三层的化妆是改变气质，多读书、多欣赏艺术、多思考、对生活乐观、心地善良。因为独特的气质与修养才是女人永远美丽好看的根本所在。所以，你要记住，唯学能提升气质，唯书能提升品位。有品位的女人时刻不要忘了跟书约会。书是女人美丽一生最值得信赖的伙伴……

读书可以增添女人的智慧，可以使女人更有品位，也就是可以使女人展现一种智慧的美丽。就像在生活中，爱读书的女人，不管走到哪里都是一道风景。也许她貌不惊人，但她的美丽却是骨子里透出来的，谈吐不俗，仪态大方。爱读书的女人，她的美，不是鲜花，不是美酒，她只是一杯散发着幽幽香气的淡淡清茶，透出一个女人的智慧，一个女人的品位。

读书在不同的年龄，也有着不尽相同的心境。青春时期，精力旺盛，求知欲强，大有读遍天下书的宏愿，书读得既快又杂，而大多是浅尝辄止，囫囵吞枣，不解其味。进入中年，品味一本书就像在轻轻地哄着婴儿睡觉般，细读慢品之余，便能悟出书中的精华。书的灵气渐渐从那一行行文字中透射而出，让人不忍释手，捧读之间犹如庭中赏月，怡然自得，陶醉其中。

读书对增添女人品位的效力，不像睡眠，睡眠好的女人，容光焕发，失眠的女人眼圈乌黑。读书和不读书的女人在一天之内是看不出来的，书对于女人的美丽的功效，也不像美容食品，滋润得好的女人，驻颜有术，失养的女人憔悴不堪。读书和不读书的人，在两三个月内，也是看不出来的。日子是一天一天地走，书要一页一页地读。清风明月，水滴石穿，一年、几年、一辈子读下去，累积的智慧，才能最终夯实女人的品位，所谓的"秀外慧中"就是指这个。若在书卷堆里待的时间长了，浑身自然而然就会有一种翰墨的味道，淡淡的香萦绕在女人的身边，这种香是名贵的香水所无法比拟的。香水的味道会随着岁月的流逝而渐渐淡化，但是，一个沾满书香味的女人，却会随着年龄的增长而积厚流广，日愈馨香，更见浓郁，足以相伴一生。

读书的女人是雅致的。浸在书香氤氲的气息里，女人会变得脱俗，淡然处世，绝少贪奢，她们有着一种谦逊随和的娴静之气，在芸芸众生中，一眼就能认出那份离尘绝俗的恬淡气质。

书中有太多的世态炎凉，太多的人情世故，女人在阅读的时候，也就如身临其境，领悟到什么是生活中值得尊重和珍惜的东西。她们会真心地对待自己，诚意地对待别人，让生活的每一天都充满宁静的激情和欢乐。

一个读书的女人是一所好学校，她教会人用淑雅宽仁去面对世间的一切，远离庸俗和琐屑。她们懂得"富贵而劳悴，不若安闲之贫困"的真正含义，所以她们不和人攀比，不和人计较，生活得单纯而安然。

古语道："书中自有黄金屋，书中自有颜如玉。"而现代聪明美丽的女人已不再是士子苦读中翩翩起舞的影子，她们从书中走出来，亲手扬起生活之帆。

读书的女人，是清晨的露珠，纯净而晶莹，也似天上的星星，明亮中有一分深邃。读书的女人素面朝天，书便是她们经久耐用的时装和化妆品。走在花团锦簇浓妆艳抹的女人中间，与众不同的气质和修养使她们显得格外引人注目。

书对于女人的好处说不尽。女人知书会蜕去愚昧与狭隘，多一分理智与宽容；女人知书会知羞耻与善恶，从而明辨是非，洁身自爱；女人知书更会懂得如何去做人，而不会成为别人的附庸和可有可无的影子，从而获得和他人一样平等的地位和尊重。

书是女人认识自己、拯救自己、提高自己的精神之源。女人因书而成熟，她不一定因读书成为一位叱咤风云、指点江山的伟人，但女人会因读书自立而睿智。

知书的女人，本身就是一本味笃而意隽的书，越读越有味。不知书的女人，最多只能是一具美丽的躯壳，没有生命的张力、经不起时间的淘洗，是一张空洞而单一的白纸，必将褪色而遭遗弃。

不同的女人对书有着不同的品味，不同的品味会有不同的选择，不同的选择得到不同的效果，于是演绎出一道女人与书的风景线。有的女人，读书是为了获取知识、增长才干，她们注重思想性强、有哲理、有深度的书。书提高了她们的人生境界，使她们生活得很充实。这样的女人本身就是一本书，一本耐人寻味的好书。有的女人，读书是为了怡悦芳心、陶冶情操，她们喜欢读些唐诗宋词，清新素净得可爱。还有的女人，读书仅仅是一种娱乐消遣，或者只为了附庸风雅，她们热衷于琼瑶笔下的言情故事，或影星、歌星、名人的花边新闻。她们比较实际，虽有点儿俗气，好在她们沾些书的边，通晓一些事理。

著名作家张抗抗曾经说过：读书的女人终究是幸福的。理性的思考给予她属于自己的头脑，女人的神韵里就有了坦然和自信。知识为她过滤尘俗的痛苦，使她有力量抵御物质的诱惑，并超越虚浮的满足而变得强大丰富。

名人的成长离不开书。三毛将书籍看做是自己一生中不可或缺的东西，她说自己有两种东西是不外借的，牙刷与书。牙刷属于非常私用的物品，自然不能与他人共用，而书是寄放心灵的东西，所以，也是不能外借的。三毛一生漂泊，她周游世界，去过非常多的地方，但身边从来没有离开过书，不管走到哪里，行李可以少带，书却是一定要带上的。

漂亮与魅力是每个女人的追求，如果说漂亮是躯壳，那么魅

力应该是内心。漂亮的外表应该感谢上天恩赐，魅力则通过后天的努力和磨炼达成。娇丽容颜会随年岁的改变而消失，魅力却可以在岁月的打磨之中香久醇远。所以在忙于修饰美丽外表的同时，女人还要不断修炼魅力，使之成为美丽的升华。

《现代汉语词典》里对于"魅力"一词的解释是"很吸引人的力量"。怎样得到这种力量、获取魅力？答案是读书。读书可以使魅力永久散发出与生命同在的气息，因为书是魅力的不竭源泉。古人云：三日不读书，目光浑浊。读书可以美丽、优雅人的心灵，是永远都不会过时的生命保鲜剂。

过去，对于好的女人的评价标准是"进得了厨房，出得了厅堂"，今天我们得要加上一条，就是"泡得了书房"。经常与书约会的女人，才潇洒飘逸；与书约会的女人，才韵味十足；与书约会的女人，才鹤立鸡群。

有人说，世界有十分美丽，但如果没有女人，将失掉七分色彩；女人有十分美丽，但如果远离书籍，将失掉七分内蕴。读书的女人是美丽的，书是女人修炼魅力之路上最值得信赖的伙伴，依靠它，你将不再畏惧年龄，不会因为几丝小小的皱纹而苦恼几天。因为，你已经拥有了一颗属于自己的独特心灵，有自己丰富的情感体验，你的生活将会书香四溢。

爱书的女人，最终会成为一本让人百读不厌的书，平凡中有超凡的韵味，淡然中有超然的气质。这种无须修饰的清雅淡定，将使女人蜕变得更有魅力！

# 女人，在音乐中陶冶情操

音乐是人类的第二语言，音乐是人类的精神食粮，音乐陶冶人的情操。而女人与音乐的关系，好像鱼儿离不开水，花儿离不开阳光。音乐是女人的至亲密友，没有音乐的生活单调乏味，给人一种度日如年的感觉。有了音乐，阴天会变成晴天；有了音乐，忧郁会变为开心；有了音乐，贫穷会变得富有。

今日，随着现代社会的发展，人们普遍意识到音乐的力量。对于女人而言，音乐更是对自身品位的一种陶冶。有品位的女人，一般都能够享受更多、更充实的音乐生活。尤其对于品位女人来说，音乐是生活的一部分，没有音乐的生活是难以想象的。她们在聆听优美的音乐的过程中，会让那清新纯美的、富含灵气的音符，轻滑过满是尘埃的心头，使自己进入一个浑然忘我的自然境界。那么，女人要如何培养自己的音乐素养呢？

相当一部分女人或因所受教育或对音乐认识的局限，总是认为音乐很难懂，总是希望通过努力地揣摩来感受音乐最核心的思想。其实，这是一种错误的认识和做法。我们欣赏音乐是要用身心感受的。而身心的状态随个人的感官物质、年龄、性别、教育

（特别是与音乐相关者）、音乐的感悟力、过去欣赏音乐的经历或经验以及听音乐当时的心情和注意力等各有不同。可以说，同样一首音乐，由于以上素质的不同，每个人的感受都是不一样的，若是将环境因素一并列入，那么差异就会更多。我们常常会有这样的经历，因为经历了更多事情，以前听起来没有感触的曲子，突然有一天让你为之动情；而年少时曾经喜欢的曲子，因为被翻录得变味，让你感到气恼等。前面说的这些，都是要告诉你，对于音乐的欣赏不要心存恐惧，用随意轻松的方式试着聆听一些好的音乐作品，我们谁都可以在这些美妙的乐章中有所收获。

那么，女人如何来欣赏音乐呢？下面就介绍一些有关音乐素养培养的简单方法，帮助你快速塑造成一个有音乐素养的有品位的女人。

说到底，音乐是一种抽象的艺术，虽然它不具有任何具体的形式，但是自古以来，中外的教育家都承认了它在人格成长及社会教化上具有的潜移默化的功能，甚至在美国都发展出一套用音乐来治疗心理疾病的方法。按照美国当代作曲家亚伦·柯普兰的说法，人们欣赏音乐由其欣赏层次的深浅，可以分为音乐的感觉面、情感面以及理论面三个层次。

所谓音乐的感觉面，指的是欣赏者由音乐的声音本身所得到的一种纯粹的乐趣，更明白地说，欣赏者本身所受到的感动是来自于音乐所产生的"音响"。这种由音乐对听觉所产生的直接冲击，对于一位欣赏音乐的初学者而言是有效的。这也就是我们有时说这音乐"好听"，这音乐"好美"的一个层面。

　　至于音乐的情感面则是一个较为复杂的问题。不论是绝对音乐或标题音乐，它们都必须带有一种表达情感的力量，只是程度上的不同而已。但这种音乐中所表现出来的情感却常是捉摸不定的，因为它可能因人而异，甚至于同一个人对于同一首音乐，在不同的时候、不同的心情之下所聆听的亦有不同的感受。因此，要想找出确切的字眼来描述音乐所代表的感情是相当困难的，即或个人认为十分满意的，别人也未必就同意你的形容或方法。

　　音乐欣赏的第三个层次是音乐的理论面。除了前述的两个方面，悦耳的声音以及表现的情感外，音乐家在写作乐曲时所安排音符的理论，也是十分重要的。音乐横方向的串连构成了旋律与节奏，纵方向的重叠构成了音程与和声，乐句与乐句的组合构成了曲式与乐章。除了这些音乐基本的要素之外，为了进一步了解作曲家的思想以及创作乐曲的背景，更深入地对于音乐家生平进行了解，也是必要的。

　　音乐欣赏固然可分为三个层次，事实上当我们欣赏音乐时，并无法执著于对其中的某一层次而不涉及其他。亦即这三个层次经常是伴随着我们对于音乐的了解的多少而相互地调整比重。有时只停留在表现的声响效果，有时则悠游于音乐的声响带给我们情绪上的反应，有时则可以理智地深入了解音乐的要素与结构。

　　音乐欣赏的学习，事实上是把重点摆在音乐的理论上。因为第一种纯音乐的刺激以及第二种捉摸不透的情绪感，都是无需经过内心思维的表现层次；而如果我们想要加深对于音乐的理解

力，对于音乐理论的学习是十分必要的。

因此，理想的音乐欣赏者应该是既能够沉浸于音响的美之中，也是能悠游于音乐的结构之外。一方面情绪性地去欣赏它，一方面理智性地去分析它、判断它。透过这样双重的欣赏层次，我们才能真正踏入音乐的奥妙之中。

# 第三章

# 懂得自控，不与低俗同流

对于女人而言，客观的诱因总是存在，它们总是想法设法诱使我们成为一个低俗的女人。但是，聪明的女人会懂得怎样去调控自己，懂得与那些不良的情绪、诱惑相抗衡。最终，她们取得了这种较量上的胜利，同时也成为了生活中的胜者。

# 女人，别让情绪驾驭你

女人在每天的生活中，免不了会出现好情绪与坏情绪，但关键是，我们要如何保持情绪的平衡，而情绪控制的关键就是如何处理冲动。

如果你刚刚穿上一件新买的高档时装出门，忽然身边有一辆汽车疾驰而过，溅了你一身的污水。这时，无论是谁，都难免气愤和恼火。你开始破口大骂，并说着些非常合乎逻辑的话语。这时你的生理开始有些变化，脸色改变，甚至全身发抖，心跳加快、呼吸急促、胆汁增多，最后是越想越生气。

女人是感性的，其情绪特别容易被外界的事物所影响。落花、流水、枯藤等都会让她们在心中感怀良久。面对生活中那些层出不穷的麻烦事，女人最容易发怒。所以，学会控制自己的情绪，对女人来说特别重要。

当我们遇到意外的沟通情景时，如果我们不能理智地控制住自己的情绪，任由怒火肆意而来，那么很可能伤害别人，就会造成人际关系的不和谐，对自己的生活和工作都将带来很大的影响。如果学会运用理智和自制，控制自己的情绪，就能正确地处理好事情。

雯雯是一家公司的职员。她的男朋友比较帅，是一家大公司的业务经理。为此，雯雯特别担心自己的男朋友和别的女孩在一起。真是怕什么来什么，没过多久，就发生了一件这样的事。

这天，雯雯碰巧到男朋友单位附近办事，所以决定下班后去接男朋友，给他一个惊喜。她就在他上班的大厦对面的咖啡屋打他的手机，告诉他，晚上和他一起吃饭，但没说就在他楼下。

这时，她男友说他不在单位，正在和客户吃饭应酬，晚上会晚点回去。结果雯雯便到附近的一家湘菜馆里一个人点了份菜。

谁想她一眼就看到了男朋友和一个女人正在里面共进烛光晚餐。当时的一刹那，雯雯觉得有点蒙了，一股怒气直冲上来，气得她都有些站不稳。本想走过去问个究竟的她，突然想起遇事要冷静的告诫。于是，决定按兵不动，以观其态。

最后，雯雯用理智战胜了自己，在自己的心理暗示下，终于平静下来，她觉得男朋友应该不会背叛自己，一定是有原因的。这样想着怒气就消了一半，最后又悄悄地把男友那桌的账一并结了，让他有个心理准备，然后回家再问。

男友回来后，雯雯试探地说："今天吃饭是不是有人替你买单了啊？"男友很疑惑地说："是的，你怎么知道……噢，原来是你。"男友恍然大悟。紧接着，又开始解释："那是以前一个追求过我的女同学，明天就要离开这个城市了，非要和我吃最后一顿饭，我不答应也不好。但我怕直接告诉你你会生气，于是就……"

听了男友的解释，雯雯暗自庆幸自己没有一时冲动做出傻

事来。

愤怒的情绪人人都会有，任何时候都要让自己去主宰自己的情绪，只有这样，事情才能办好。

让愤怒的情绪爆发出来，只会使事情变得更加糟糕。它可以让原来认为你温文尔雅的人一下子改变对你的印象。这种情况下，事后你可能会觉得后悔，但是世界上是没有后悔药可吃的。因此我们应该学会控制自己，学会尽量不发火而把事情解决好。那么如何在一些不愉快的场景中迅速地控制自己的情绪呢？

一、语言暗示法。在情绪激动时，自己在心里默念或轻声警告"冷静些"、"不要发火"等词句，抑制自己的情绪，也可以做成小纸条放在自己的包里、办公桌或是床头。

二、转移注意。在受到令人发怒的刺激时，大脑会产生一个强烈的兴奋灶，这时如果你能主动地在大脑皮层里建立另一个"兴奋灶"，用它去抵抗或削弱愤怒，就会使怒气平息。最好的办法就是暂时离开引发情绪的环境和有关的人或物。

三、嘲笑自己。用寓意深长的语言、表情或是动作，机智巧妙地表达自己。你可以自己嘲笑自己："我这是怎么啦？怎么像个3岁小孩子似的。"

四、回忆愉快的事情。当不愉快的事情发生时，应该尽量多想些与眼前不愉快体验相关的过去曾经发生的愉快事情。

五、站在他人的角度想问题。站在他人的角度想问题，也就容易理解对方的观点和行为。在多数情况下，一旦将心比心，你的满腔怒气就会烟消云散。

有人说，女人是善变的动物。确实，女人总是很情绪化，总是在事情发生过后才会发现。殊不知，这种不易自知的情绪随时会把你带进天堂或地狱。有理智的女人往往能有效地察觉出自己的情绪状态，理解情绪所传达的意义，找出某种情绪和心境产生的原因，并对自我情绪作出必要的恰当的调节，始终保持良好的情绪状态。

## 脾气太坏，不招人爱

从生理角度来讲，女人比男人更容易冲动，更爱发脾气，她们很难容忍不如意的事，然而坏脾气不仅会伤害他人，还会伤害自己。因此，女人一定要学会控制冲动之下的坏脾气。

生活不可能平静如水，人生也不会事事如意，人的感情出现某些波动也是很自然的事情。可有些人往往遇到一点不顺心的事便火冒三丈，怒不可遏，乱发脾气。结果非但不利于解决问题，反而会伤了感情，弄僵关系，使原本已不如意的事更加雪上加霜。与此同时，生气产生的不良情绪还会严重损害身心健康。

美国生理学家爱尔马通过实验得出了一个结论：如果一个人生气10分钟，其所耗费的精力，不亚于参加一次3000米的赛跑。人生气时，很难保持心理平衡，同时体内还会分泌出带有毒素的

物质，对健康十分不利。

虽然人人都有不易控制自己情绪的弱点，但人并非注定要成为自己情绪的奴隶或喜怒无常心情的牺牲品。当一个人履行他作为人的职责，或执行他的人生计划时，并非要受制于他自己的情绪。要相信人类生来就要主宰、就要统治，生来就要成为他自己和他所处环境的主人。一个心态受到良好训练的人，完全能迅速地驱散他心头的阴云。但是，困扰我们大多数人的却是当出现一束可以驱散我们心头阴云的心灵之光时，我们却紧闭着心灵的大门，试图通过全力围剿的方式驱除心头的情绪阴云，而非打开心灵的大门让快乐、希望、通达的阳光照射进来，这真是大错特错。

著名专栏作家哈理斯和朋友在报摊上买报纸时，那朋友礼貌地对报贩说了声"谢谢"，但报贩却冷口冷脸，没发一言。"这家伙态度很差，是不是?"他们继续前行时，哈理斯问道。"他每天晚上都是这样的。"朋友说。"那么你为什么还是对他那么客气?"哈理斯问他。朋友答道："为什么我要让他决定我的行为?"

一个成熟的女人能够握住自己快乐的钥匙，她不期待别人使自己快乐，反而能将快乐与幸福带给别人。每人心中都有把"快乐的钥匙"，但乱发脾气的人却常在不知不觉中把它交给别人掌管。我们常常为了一些鸡毛蒜皮或者无伤大雅的事情而大动肝火，当我们对着他人充满愤怒地咆哮着的时候，我们的情绪就在被对方牵引着滑向失控的深渊。

有个脾气很坏的小女孩，动不动就乱发脾气，令家里人很伤脑筋。

一天，父亲给了她一大包钉子和一把铁锤，要求她每发一次脾气都必须用铁锤在家里后院的栅栏上钉一颗钉子。

第一天，小女孩就在栅栏上钉了30多颗钉子。但随着时间的推移，小女孩在栅栏上钉的钉子越来越少。她发现自己控制脾气要比往栅栏上钉钉子更容易些。

一段时间之后，小女孩变得不爱发脾气了。于是父亲建议她："如果你能坚持一整天不发脾气，就从栅栏上拔下一颗钉子。"又过了一段时间，小女孩终于把栅栏上所有的钉子都拔掉了。

这时候，父亲拉着女儿的手来到栅栏边，对她说："孩子，你做得很好。可是你看看那些钉子在栅栏上留下的小孔，栅栏再也不会是原来的样子了。当你向别人发过脾气之后，你的言语就像这些钉子孔一样，会在人们的心灵中留下疤痕。你这样做就好比用刀子刺向别人的身体，然后再拔出来。无论你说多少次对不起，那伤口都会永远存在。"

不良情绪不仅会让我们身边的人无所适从，受到伤害，也会让自己受到伤害。所以，我们应努力管理好自己的情绪，以豁达开朗、积极乐观的健康心态工作，而不是让急躁、消极等不良情绪影响我们。不要让自己的情绪影响自己的心情，影响别人的心情，做自己情绪的主人，这是一个健康乐观的女人要做到的最基本一点。

如何改掉乱发脾气的坏习惯，让愤怒的情绪尽快远离我们，

是幸福人生必修的课题。

首先，我们要积极调动自己的理智来控制情绪，让自己在愤怒的时候先冷静下来。当他人的言语或者行为刺激到你时，应强迫自己冷静下来，迅速分析一下事情的来龙去脉以及如果发脾气会给自己带来什么样的后果，然后再采取表达愤怒情绪或消除冲动的做法，尽量使自己不陷入冲动鲁莽、简单轻率的被动局面。比如，当我们被别人无端地讽刺、嘲笑时，如果顿然暴怒，反唇相讥，则很可能引起双方争执不下，怒火越烧越旺，自然于事无补。但如果此时你能提醒自己冷静一下，采取理智的对策，如用沉默为武器以示抗议，或只用寥寥数语正面表达自己受到伤害，对方反而会感到尴尬。

其次，我们在感到愤怒时还可以用暗示、转移注意力的方法。使我们生气的事情，一般都是触动了自己的尊严或切身利益，很难一下子冷静下来。所以，当我们察觉到自己的情绪非常激动，眼看控制不住时，可以及时采取暗示、转移注意力等方法自我放松，鼓励自己克制冲动。言语暗示如"不要做冲动的牺牲品"、"过一会儿再来应付这件事，没什么大不了的"等，或转而去做一些简单的事情，或去一个安静平和的环境，这些都很有效。人的情绪往往只需要几秒钟、几分钟就可以平息下来。但如果不良情绪不能及时转移，就会更加强烈，发怒者越是想着发怒的事情，就越感到自己发怒完全应该。根据现代生理学的研究，人在遇到不满、恼怒的事情时，会将不愉快的信息传入大脑，逐渐形成神经系统的暂时性联系，形成一个优势中心，而且越想越巩固。此时如果马上转移,想高兴的事,向大脑传送愉快的信息,争取建立愉快的兴奋中心,就会有效地抵御、避免不良情绪。

女人们,我们平时不妨进行一些针对性的训练,培养自己的耐性,比如练字、绘画、制作手工艺品等。坚持下去,你的心态一定会平和许多。

## 女人,别因指责令自己不美丽

在待人处世中,女人最容易犯的一个错误就是随意指责别人,这也许是由于年轻气盛,也许是由于对自己的绝对自信。但不管怎样还是要提醒你,指责是对别人自尊心的一种伤害,是很难让人原谅的错误。如果你不想让身边有太多的敌人,那就请口下留情,别总去指责别人。

人的本性就是这样,无论他做的有多么不对,他都宁愿自责而不希望别人去指责他们。别人是这样,我们也是这样。在你想要指责别人的时候,你得记住,指责就像放出的信鸽一样,它总要飞回来的。因此,指责不仅会使你得罪了对方,而且也使得他必须要在一定的时候来指责你。即使是对下属的失职,指责也是徒劳无益的。如果你只是想要发泄自己的不满,那么你得想想,

这种不满不仅不会为对方所接受，还因此给自己树立了一个敌人；如果你是为了纠正对方的错误，那为什么不去诚恳地帮助他分析原因呢？

手段应当为目的服务，只有怀有不良的动机，才会采用不良的手段。许多成功女性的秘密就在于，她们从不指责别人，从不说别人的坏话。其实，面对可以指责的事情，你完全可以这样说："发生这种情况真遗憾，不过我相信你肯定不是故意的，为了防止今后再有类似事情发生，我们最好分析一下原因……"这种真心诚意的帮助，远比指责的作用明显而有效。

另外，对于他人明显的谬误，你最好不要直接纠正，否则会好像故意要显得你高明，也伤了别人的自尊心。在生活中一定得牢记，如果是非原则之争，要多给对方以取胜的机会，这样不仅可以避免树敌，而且也许已使对方的某种"报复"得到了满足，于己也没有什么损失。口头上的牺牲有什么要紧，何必为此结怨伤人？对于原则性的错误，你也得尽量含蓄地进行示意。既然你原意是为了让对方接受你的意见，何必以伤人的举动来凸显自己。

微笑、眼色、语调、手势都能表达你的意见，唯独不要直接说"你说得不对"、"你错了"等，因为这等于在告诉并要求对方承认："我比你高明，我一说你就能改变你自己的观点。"而这实际上是一种挑衅。商量的口吻、请教的诚意、轻松的幽默、会意的眼神，定会使对方心服地改变自己的失误，与此同时，你也不会树敌。要知道，只有很少一部分人的思想是符合逻辑的，大多数人生来就具有偏见、嫉妒、贪婪和高傲等本性,人们一般都不愿改变自己的意愿。他们若有错误,也愿意自己改正。如果别人策略地加以指出,则其也会欣然接受并为自己的坦率和求实精神而自豪。

假如由于你的过失而伤害了别人,你得及时向人道歉,这样的举动可以化敌为友,彻底消除对方的敌意。说不定你们今后会相处得更好。既然得罪了别人,当时你自己一定得到了某种"发泄",与其待别人的"回泄"自来,不知何时飞出一支暗箭,远不如主动上前致意,以便尽释前嫌,演绎流传千古的"将相和"。

为了避免树敌,还有一点需要特别注意,这就是与人争吵时不要非争上风不可。请相信这一点,争吵中没有胜利者。即使你口头胜利,但与此同时,你又树了一个对你心怀怨恨的敌人。争吵总有一定原因,总为一定的目的。如果你真想使问题得到解决,就绝不要采用争吵的方式。争吵除会使人结怨树敌,在公众面前破坏自己温文尔雅的形象外,没有丝毫的作用。如果只是日常生活中观点不同而引致的争论,就更应避免争个高低。如果你一面公开提出自己的主张,一面又对所有不同的意见进行抨击,那可是太不明智了,致使自己孤立和就此停步不前。如果你经常如此,那么你的意见再也不会引起别人的注意,你不在场时别人会比你在场时更高兴。你知道的这么多,谁也不能反驳你,人们也就不再反驳你,从此再没有人跟你辩论,而你所懂得的东西也就不过如此,再难从与人交往中得到丝毫的补充。因为辩论而伤害别人的自尊心、结怨于人,既不利己,还有碍于人,这实在不

是聪明的做法。

"多个朋友多条路，多个仇人多堵墙"，女人，生活中你要注意尽量避免树敌，更不要做因指责别人而得罪人的蠢事。女人，别让指责令自己变得不美丽。

## 把你的"抱怨"留给自己

日常生活中，许多不够聪明的女人在感到自己遭受不公平待遇时，立刻便会表现出不满、愤怒的情绪，甚至会暴跳如雷、破口大骂。然而，这些行为只能简单发泄一下自己激动的情绪，于对方却丝毫无损，不但白白耗费了力气，甚至有可能引来别人的敌视，让自己受到更深的伤害。

刘宁是一家公司的行政助理，同事们都把她当成公司的"管家"，大家事无巨细，都来找她帮忙。这样一来，刘宁每天事务繁杂，忙得团团转，牢骚和抱怨也就成了家常便饭。

这天一大早，又听她抱怨："烦死了，烦死了！"一位同事皱皱眉头，不高兴地嘀咕着："本来心情好好的，被你一吵也烦了。"

其实，刘宁性格开朗外向，工作认真负责，虽说牢骚满腹，该做的事情，则一点也不曾含糊，设备维护、办公用品购买、交通讯费、买机票、订客房……刘宁整天忙得晕头转向，恨不得长出八只手来。再加上为人热情，中午懒得下楼吃饭的人还请她帮忙叫外卖。

刚交完电话费，财务部的小李来领胶水，刘宁不高兴地说："昨天不是刚来过吗？怎么就你事情多，今儿这个明儿那个的？"抽屉开得噼里啪啦，翻出一个胶棒，往桌子上一扔："以后东西一起领！"小李有些尴尬，又不好说什么，忙陪笑脸："你看你，每次找人家报销都叫亲爱的，一有点事求你，脸马上就长了。"

大家正笑着呢，销售部的王娜风风火火地冲进来，原来复印机卡纸了。刘宁脸上立刻晴转多云，不耐烦地挥挥手："知道了，烦死了！和你说一百遍了，先填保修单。"单子一甩："填一下，我去看看。"刘宁边往外走边嘟囔："综合部的人都死光了，什么事情都找我！"

态度虽然不好，可整个公司的正常运转真是离不开刘宁。虽然有时候被她抢白得下不来台，也没有人说什么。怎么说呢？应该做的，她不是都尽心尽力做好了吗？可是，那些"讨厌"、"烦死了"、"不是说过了吗"……实在是让人不舒服。特别是同一办公室的人，刘宁一叫，他们头都大了。"拜托，你不知道什么叫情绪污染吗？"这是大家的一致反应。

年末时，公司民意选举先进工作者，大家虽然都觉得这种活动老套可笑，暗地里却都希望自己能够榜上有名。奖金倒是小事，谁不希望自己的工作得到肯定呢？领导们认为，先进非刘宁莫属，可一看投票结果，50多份选票，刘宁只得12张。

有人私下说："刘宁是不错，就是嘴巴太厉害了。"

刘宁很委屈："我累死累活的，却没有人体谅……"

什么叫费力不讨好？像刘宁这样，工作都替别人做到家了，却为逞一时之快，牢骚满腹，结果前功尽弃。当今社会，竞争愈演愈烈，我们不可能一直在竞争中处于绝对优势，更不可能捧得一份铁饭碗，"存在"固然未必"合理"，但抱怨只能令我们碌碌无为。将不满藏在心中，矫正心态，积极地去应对那些令你怨气横生的人和事，这才是聪明女人该做的事。

所谓"冷语伤人"，说者无心，听者有意。女人，既然做了，就心甘情愿些吧，抱怨总是无济于事的，相反，它还会埋没你的功劳。

## 不做长舌妇

喜欢"东家长，西家短"，这是多数女人的一个毛病。不过，作为一个聪明的女人，我们一定要认识到，"流言飞语"绝对是一个令人厌恶、令人惧怕的词语。大家来看，它的字面解释如下：流言，即没有依据的言语；飞语，义同于流言，更带有诽谤性、针砭性。那么，既然毫无依据可言，为何却偏偏有人对此津津乐道呢？从心理学的角度上说，一方面是因为多数人都具有窥私欲，他们喜欢探听别人的隐私，尤其是带有负面性质的隐私；另一方面，爆料别人的"卑劣"，可以凸显自己在某一方面的"高尚"，这是典型的虚荣心在作祟。当然，这其中更不乏居心叵测之人。

"流言"的帮凶有两种人。一是"制造流言者"。这类人内心阴晦、失衡，明明自己能力有限、不学无术，却又嫉妒别人的成就。于是挖空心思诋毁别人，以求心理上的满足。

二是"散布流言者"。这种人相对前者略隐晦一些，称得上是"隐形杀手"。他们最喜欢做的事情，就是将听来的"流言"添油加醋，再四处传扬。即便原本不存在的事情，经他们的嘴巴一说，也就变成了事实。所到之处，可谓一片狼藉。

一个妇女在背后说邻居的闲言碎语，几天内，村中所有人都知道了此事，当事人为此大受伤害。后来，妇女发现事实完全不是这样，她非常难过，就去聪明的智叟那里请教如何弥补。

"去集市吧，"智叟说，"买1只鸡，把它杀掉。然后在回家的路上，拔下它的羽毛，一片片地沿路扔掉。"这位妇女尽管感到很奇怪，但还是依言而行。

第二天，智叟说："现在，你去把昨天扔掉的那些羽毛全部收集起来，把它们交给我。"妇女依言回到那条路上，但大风已然将羽毛吹飞，她苦苦寻找了几个小时，最后攥着3根羽毛回到智叟那里。

"你明白了吧，"智叟说，"扔掉它们是件很容易的事，但不可能把它们全部找回来。流言飞语就像这羽毛一样，散布出去并不费力，可是一旦你做了这种事，就永远也无法彻底弥补。"

可以肯定，无论是流言的制造者还是散布者，都不会有什么好的结局。在别人背后飞短流长，必然会得罪当事人，久而久

之，你也就成了"万人嫌"。同事、朋友会因害怕成为你的议论对象而敬而远之，上司更会因此将你打入"冷宫"，你的人生、事业又何谈取得突破性的进展呢？

赵敏是公司业务部的精英，曾多次获得公司年终奖金。年底又到了，赵敏根据考核办法，算出自己又可以拿到 2 万元奖金，便提前与男朋友算计这 2 万元该怎么花。最后决定，储存 1 万元，另 1 万元做春节旅游之用。

获奖名单公布以后，赵敏发现竟没有自己的名字——是不是相关人员疏忽把自己漏掉了？赵敏带着疑问找到业务部经理。经理说："我们这次考核，是绩效考核加表现考核，不只是看绩效，还要看平时的表现，如个人形象、是否具备团队合作精神，等等。你想想看，自己在别的地方有没有做得不够的地方。"

赵敏不由得低下头去。

经理提醒说："年中时，你跟小王争地盘，哪有一点团队合作精神？而且给公司造成了很不好的影响。这是你今年没有拿到年终奖金的主要原因。"

赵敏跟小王所争的"地盘"，是一家大客户。原来是小王开拓的市场，后来那家大客户的部门经理易人，赵敏的同学走马上任。赵敏就去拜访同学，想把业务划到自己名下。小王告到部门经理那儿，部门经理出面批评了赵敏，赵敏才撤出去。

赵敏一肚子气离开经理的办公室。她以为，自己落选主要是经理在作祟。绩效考核，主要看业绩，这是硬指标，别的都是软指标，说你达标就达标，说你不达标就不达标。自己若没有团队合作精神，就不会听从经理的意见，早把"地盘"抢到手了。还有，那奖金是公司里出，也不是经理自己掏腰包，经理是因为嫉妒才把自己拿下来的。

赵敏越想越气，不自觉地找到几个平时关系不错的同事倾诉，发泄不满，说经理的坏话。

不久公司大裁员，赵敏赫然出现在名单上。自己是业务精英，是不是搞错了？赵敏找老板询问。没错，解雇她的理由是：缺乏团队合作精神。

赵敏不理解，那件事过去半年了，自己跟小王早就和好了，怎么又扯出来大做文章呢？

后来，一个知情的同事告诉她，她在背后说经理坏话的事传到经理耳朵里了，经理怨气难平，自然力主裁掉她。

所谓"隔墙有耳"、"好话不出门，坏话传千里"，聪明的女人绝不会将"流言"当做茶余饭后的笑料，更不会当众去说别人的坏话。当有人对她们道及第三者坏话时，无论她们是否明白个中原因，都会做到"入耳封存"。这才是智者所为。

有一句话叫做："谁人背后无人说，谁人背后不说人。"这话说得虽然有点绝对，却也揭示了一个事实，即大多数人或多或少都在背后说过别人。不过有一点，经常在背后说别人坏话的人，肯定不会受到欢迎。因为但凡有点头脑的人，都会自然而然地联想到："这次你在我面前说别人的坏话，下次你就有可能在别人面前说我的坏话。"这样一来，说人坏话者在别人心目中的印象又能好到哪去呢？

# 松开"攀比"这根弦

一些女人坦言，不喜欢参加同学会，因为女人聚在一起就要攀比：比事业、比地位、比房子、比车子、比银子……于是，越比越急、越比越累。老实说，这种烦恼都是自找的！其实只要放下攀比之心，你的生活就会轻松很多。

尽管我们都知道"人比人，气死人"的道理，可在生活中，我们还是要将自己与周围环境中的各色人物进行比较，比得过的便心满意足，比不过的便在那儿生闷气发脾气，这其实都是我们的攀比之心在作怪，说白了还是虚荣心在那里作怪。

有这种心理的人，会将别人的任何东西都拿来与自己的进行比较：家里住多大的房子、有什么样的车子、老公的样子、花钱的派头、地板砖的质地、孩子的学习，当然更多的就是比谁家住的、吃的、用的、玩的更阔气！

北魏时期河间王琛家中非常阔绰，家中珍宝、玉器、古玩、绫罗、绸缎、锦绣，无奇不有。有一次王琛对章武王元融说："不恨我不见石崇，恨石崇不见我！"

元融回家后闷闷不乐，恨自己不及王琛财宝多，竟然忧虑成病，对来探问他的人说："原来我以为只有高阳一人比我富有，谁知道王琛也比我富有,唉!"

还是这个元融,在一次赏赐中,太后让百官任意取绢,只要拿得动就属于你了。这个元融,居然扛得太多致使自己跌倒伤了脚,太后看到这种情景便不给他绢了,被当时人们引为笑谈。

分析人之所以乐于攀比不疲的原因,实际上是一个面子问题。

人生在世,但凡是个正常的人,多多少少都有些虚荣,虚荣本来无可厚非,但虚荣过火之时便是让人讨厌之时。这攀比就是因过度虚荣而表现出来的一种让人讨厌的性格特征。

攀比有以下害处:

一、令人情绪无常。当攀比之后,胜了别人,立刻情绪高涨,自大狂妄,以为天下唯有我是最了不起的;可是比得过甲,不见得比得过乙,不如乙的时候立刻情绪低落,感觉脸上无光,一点面子没有,恨不得找个缝隙自己钻进去。

二、易伤害交际感情。人在社会中,必须与他人交往,如果你在群体中不是去攀比甲,就是攀比乙,在攀比之中会伤害和你交往的对象。比得过,你便轻视别人,看不起别人,从而不尊重别人,别人只能对你不置可否;比不过的,你会满含妒意,或造谣,或诬陷,对人用尽一切诋毁之手段,同样会伤害别人的感情,破坏良好的交际关系。大家最后都懒得与你来往。

三、攀比易使人走上歧途。这犯罪无非是想尽一切办法去扩大自己的财富,提高自己的名声。当你所使用的手段不是那么正大光明时,比如你通过贪污挪用、行贿受贿来扩大自己的财富,

好去虚荣地攀比，那么总有一天你会锒铛入狱的。

很多人并不认为自己是攀比，而认为自己的花钱多、购物多、上档次、穿名牌、拿手机、玩掌上电脑是讲究生活品质，自诩自己的那些一掷千金、一掷万金的举动是"为了追求生活品质"、"为了讲究生活品质"！

实际上，那些真正讲究生活品质的人并不是体现在表面上，也不是纯粹表现在物质这个浅层次上，"讲究生活品质"只不过是为自己肤浅的攀比行为打掩护。你只要在镜中照一下自己眼角的那处不屑、自满，你就会明白"生活质量"不过是攀比、炫耀的代名词！事实上，这只不过是失去了求好的精神，而将心灵、目光专注于物质欲望的满足上。在一个失去求好精神的社会中，人们误以为摆阔、奢侈、浪费就是生活品质，逐渐失去了生活品质的实质，进而使人们失去对生活品质的判断力，攀比着追逐名牌，追逐金钱，追逐各种欲望的满足。

但很多女人还是在羡慕那些住大房子、开名车、穿着入时的女人，以为那才是生活，那才是生活的本质。于是这些人不择手段地去追求，甚至到心力交瘁的地步。

朋友，如果你是一个攀比的人，一个试图攀比的人，那么请停下你的脚步吧：

一、别让虚荣阻碍了你享受生活。攀比让你的虚荣心满足，可为了这满足你却付出了多大的代价：想方设法、不择手段、焦头烂额、心力交瘁，更大的代价是你忘了生活中还有比攀比更让人感到愉悦的事情。

二、创造你自己的生活品质。真正的生活品质，是回到自我，清楚地衡量自己的能力与条件，在这有限的条件下追求最好的事物与生活。生活品质是因长久培养了求好的精神，从而有自信、丰富的内心世界；在外可以依靠敏感的直觉找到生活中最好的东西，在内则能居陋巷、饮粗茶、吃淡饭而依然创造愉悦多元的心灵空间。

三、思考攀比的意义。与别人攀来比去，你最后除了虚荣的满足或失望之外，还剩下什么？有没有意义？是徒增烦恼还是有所收获？最后思考的结果即毫无意义。你感到无意义，自然就会停止这种无聊的行为。

女人要知道，生活是自己的，只要自己过得开心、舒适就好，何必让有害无益的攀比损害自己的幸福呢？

## 身外之物，不必奢恋

女人们应该明白，我们每一个人所拥有的财物，无论是房子、车子、银子等，不管是有形的，还是无形的，没有一样是属于你的。那些东西不过是暂时寄托于你，有的让你暂时使用，有的让你暂时保管而已，到了最后，物归何主，都未可知。所以，何必为身外之物太过烦心呢？

　　现代人越来越重视对金钱、权势的追求和对物质的占有，殊不知，金钱和权力固然可以换取许多享受，却不一定能获取真正的开心。

　　过去有个大富翁，家有良田万顷，身边妻妾成群，可日子过得并不开心。

　　挨着他家高墙的外面住着一户修鞋的，夫妻俩整天有说有笑，日子过得很开心。

　　一天，富翁的小老婆听见隔壁夫妻俩唱歌，便对富翁说："我们虽然有万贯家产，还不如鞋匠开心！"富翁想了想笑着说："我能叫他们明天唱不出声来！"于是拿了两根金条，从墙头上扔过去。修鞋的夫妻俩第二天打扫院子时发现不明不白而来的两根金条，心里又高兴又紧张，为了这两根金条，他们连修鞋的活也丢下不干了。男的说："咱们用金条置些好田地。"女的说："不行！金条让人发现，别人会怀疑我们是偷来的。"男的说："你先把金条藏在炕洞里。"女的摇头说："藏在炕洞里会叫贼娃子偷去。"他俩商量来，讨论去，谁也想不出好办法。从此，夫妻俩饭吃不香，觉也睡不安稳，当然再也听不到他俩的笑声和歌声了。富翁对他的小老婆说："你看，他们不再说笑，不再唱歌了吧！办法就这么简单。"

　　鞋匠夫妻俩之所以失去了往日的开心，是因为得了不明不白的两根金条。为了这不义之财，他们既怕被人发现怀疑，又怕被人偷去，有了金条不知如何处置，所以终日寝食难安。

　　就像这对夫妻一样，一些女人现在拥有了所渴望的东西，但她们却失去了快乐的感觉。原来,当我们被身外物羁绊住时,我们就会迷失自己,无法弄清什么才是自己真正需要的。

南方的一个古镇上有一个铁匠铺,铺里住着一位老铁匠。主要以打制一些铁锅、斧头为营生。他的经营方式非常古老和传统,人坐在木门旁,货物摆在门外,不吆喝,不还价,晚上也不收摊。你无论什么时候从这儿经过,都会看到他在竹躺椅上躺着,眼睛微闭着,手里拿着一个陈旧半导体小收音机,身旁是一把紫砂壶。他每天的收入,正够他喝茶和吃饭的。他觉得自己老了,目前的生活既悠闲又惬意,因此非常满足。

一天,一个古董商人从老街上经过,偶然间看到老铁匠身旁的那把紫砂壶古朴雅致,紫黑如墨,有清代制壶名家戴振公的风格。他走过去,顺手端起那把壶。发现壶嘴处有戴振公的印章,商人惊喜不已。

商人想以15万元的价格买下那把壶。当他说出这个数字时,老铁匠先是一惊,后又拒绝了,因为这把壶是他祖辈留下来的,他们几代人打铁时都喝这把壶里的水,他们的汗也都来自这把壶。

壶虽没卖,但商人走后,老铁匠有生以来第一次失眠了。这把壶他用了近60年,并且一直以为是把普普通通的壶,现在竟有人要以15万元的价钱买下它,他转不过神儿来。

过去他躺在椅子上喝水,都是闭着眼睛把壶放在小桌上,现在他总要坐起来看一眼,这让他非常不舒服。特别让他不能容忍的是,周围的人们知道他有一把价值连城的茶壶后,蜂拥而来,

有的打探他还有没有其他的宝贝，有的甚至开始向他借钱。他的生活被彻底打乱了，他不知该怎样处置这把壶。

当那位商人带着 20 万元现金，再一次登门的时候，老铁匠再也坐不住了。他召来自己的几房亲戚和前后邻居，当众把那把价值连城的壶砸了个粉碎。

现在，老铁匠还在卖铁锅、斧头，他已经 98 岁了。

对于真正懂得享受生活的女人来说，任何不需要的东西都是多余的。要那么多的钱干什么？对于老铁匠来说，房子再大，适合睡眠的却只是一张床；锦衣玉食并不合他的心意，粗布衣衫、白粥咸蛋才是他的最爱。而这样的生活，需要那么多的钱干什么？

或许很多人会说，这是一个金钱推动的社会，是人们追求金钱的欲望以及拥有了金钱的虚荣使它永远向前。这是怎样的一种谬论啊！我们应该平静地面对生活给予的一切，不要让欲望这个没有止境的黑洞来占据我们的心灵。奢恋身外物的女人，将很难得到温暖，孤单和寒冷会一直抓住他们，让他们彻底迷失自己。

在我们今天的这个社会里，要冷静而坦然地面对身边的名利的确很难，一般人都无法在心理上达到平衡。其实，与充满金钱的生活相比，平淡清贫不存在真正意义上的缺失和悬殊。金钱，生不带来，死不带去，而享有一次像老铁匠一样真正没有缺憾的生命，才是我们所追寻的人生价值之所在。

在俄国诗人涅克拉索夫的长诗《在俄罗斯，谁能幸福和快乐》中，诗人找遍俄罗斯，最终找到的快乐人物竟是枕锄瞌睡的普通农夫。是的，这位农夫有强壮的身体，能吃、能喝、能睡，从他打瞌睡的倦态以及打呼噜的声音中，流露出由衷的开心和自在。这位农夫为什么能开心？因为他不为金钱介怀，把生活的标准定得很低。

法国作家罗曼·罗兰说得好："一个人快乐与否，绝不依据获得了或是丧失了什么，而只能在于自身感觉怎样。"

有的人大富大贵，别人看他很幸福，可他自己身在福中不知福，心里老觉得不痛快；有的人无钱无势，别人看他离幸福很远，他自己却时时与快乐结缘。

有对下岗的中年夫妇在菜市上摆了个小摊，靠微薄的收入维持全家四口人的生活。这夫妻俩过去爱跳舞，现在没钱进舞厅，就在自家屋子里打开收录机转悠起来。男的喜欢喂鸟，女的喜欢养花。下岗后，鸟笼里依旧传出悦耳动听的鸟鸣声；阳台上的花儿依旧鲜艳夺目。他俩下了岗，收入减少了许多，却仍然生活得很快乐，邻居们都用惊异羡慕的目光看着他俩。

是的，也许我们无法改变自己的境况，但我们可以改变自己的心态。没了钱不要紧，但不能没有快乐，如果连快乐都失去了，那活着还有什么意义。快乐是人的天性的追求，开心是生命中最顽强、最执著的律动。

抛弃对身外物的贪欲，在物质世界和精神世界中，只要开开心心，生活的趣味就会更浓厚，恐惧和压抑感就会自然从内心深处消失。坦坦荡荡地做人，开开心心地生活，美好的日子就会永远留在你身边。

## 女人，何苦重名誉轻快乐

名，是一种荣誉、一种地位。不仅男人热衷名利，不少女人为了一时的虚名所带来的好处，也会忘我地去追求。结果她们得到了名利，却失去了快乐。

沉溺于名会让你找不到充实感，让你备感生活的空虚与落寞。尤为可怕的是，虚名在凡人看来往往闪着耀眼的光芒，引诱你去追逐它。尽管虚名本身并无任何价值可言，也没有任何意义，但是总有那么一些人为了虚名而展开搏杀。真正体会到生命的意义、人生的真谛的人都不会看重虚名。

几年前，爱丽丝自己创业当老板，年收入超过50万美元。不料，就在公司的业绩如日中天之时，她突然决定将公司转兑给朋友经营，自己则转到一家大企业去上班，月薪骤减为6000美元。周围的人都无法理解她——"你到底在想什么？"

爱丽丝透露，当时她的想法很简单：对方应允她可以拥有一间独立的办公室，旁边摆着一台音响，每天愉快地听着音乐工作，而这正是她一直最想过的日子。

爱丽丝并不想做大人物，所以，她也从不认为人就一定要当老板，有些事其实可以让别人去做。不过，她观察到，其实很多女人好像都非得做个什么头儿，觉得有个头衔才有面子。

以前，她也有过同样的想法，到后来则发现这其实是"自己给自己的枷锁"。于是，她渐渐学会"欣赏"别人的成就，而不是处处跟别人比。"我跟别人比快乐！"她说，也许别人比他有钱，成就比她大，但是，却比她活得辛苦，甚至还要赔上自己的健康和家庭。

爱丽丝说，她这辈子最想做的是当一名"义工"，虽然没有名片也没有头衔，但是一个非常快乐的人，"我希望能在50岁之前，完成这个心愿。"

许多女人是以工作和行动来决定自己存在的意义和价值，她们在乎实实在在的好处。例如，口袋里有多少钱，开什么车、住什么房子、担任什么职务等，此外的东西对她们显然不重要了。

曾有一个笑话将"同学会"比喻为"比赛大会"，看看谁嫁得好、谁赚的钞票比谁多。"嗯！她这几年混得不错，现在已经爬到总经理的位置了！""那女人更风光，有自己的别墅，老公开的还是名车！"看到别人比自己混得好，就浑身不自在，顿时觉得矮了一截。

有一名四十多岁的女士，早年费尽心力，终于拿到博士学位，并且在一所著名的大学里任教，在学术界享有盛名。提起自己的成就，她最得意的是："很多当年的同学都很羡慕我！"

当提及她的生活时，她的表情开始转为凝重。她承认自己几乎没有家庭生活："我一天只睡5个小时，绝大多数的时间都用来做研究。我的先生常和我争吵，唯一的女儿也跟我很疏远，我

从来没有跟他们出去度过一天假，所有的时间都给了工作。"

一个女人非得要把自己弄得那么累吗？她重重地叹了一口气："唉！你不知道，干我们这一行，不进则退，后面马上就有人追上来了！"那么，感觉快乐吗？她愣了许久，最后终于说出真话："老实说，我一点都不快乐，我恨死了我现在的工作！我只想好好坐下来，什么事都不做。可是，我简直不敢回头想。以前，我的愿望只是想当一名高中老师。"

这是一个真实的例子。"名利"这个词，早已吞食了这位女士的心灵，对她只有伤害，毫无益处。无止境地竞逐成就，只有把女人弄得愈来愈累，很多女人的生活失去了平衡，她们不知道何时该停下来休息。

如果你的心里还在为领导这次提拔了别人而没有提拔你感到愤愤不平，如果你还在因为与你一起购买体育彩票的邻居中了大奖而你却什么也没有得到久久不能释怀，那么看了上面的几个例子，你是不是觉得顿有所悟呢？其实，名利本来就是那么一回事。只要我们全身心地投入生活，那么即使没有了名利，我们也照样会生活得有滋有味、快快乐乐。

人生活在这个社会中，不可能事事顺心。或许一生的努力都是徒劳，或许高官厚禄、巨额钱财在顷刻之间就会离你而去，荣耀风光成为黄粱一梦。一些人老谋深算，为了争名夺利，不择手段地算计他人，可在突然之间却已被他人算计。人何必活得这么辛苦？因此，淡泊名利是人生幸福的重要前提。如果你渴望轻松，渴望真正地获得生命的意义，那么请记住——看淡名利。

# 第四章

# 若即若离，保持神秘感

爱情有时真的很奇怪。对于男人而言，他太容易追上你，或许就不是那么珍惜；相反，他追你追得越是辛苦，便越加觉得你弥足珍贵。或许，部分男人天生就钟爱这种追逐的感觉吧。就此而言，我们若想将一个男人抓得更紧，就不妨和他玩点花样，若即若离，稍稍吊下他的胃口。

## 女人,倒追请慎行

在自然界有这样一种规律,几乎所有的动物配偶,都是雄性通过自我展示、角逐来征服雌性。那么我们人呢?大抵也是如此。当然,我们没有必要把自己抬得太高,这样或许会将钟情于你的男生吓跑,但还是要提醒大家一句:倒追请慎行!

当一位女士倒追心仪的男士时,这个过程可能会带有些许刺激,些许新鲜,但是与此同时,被你倒追的那位男士多半会飘飘然起来。人都有这样一种心理——太容易得到的不值得珍惜,男人不外如是。对他而言,不费吹灰之力得来爱情,你还指望他会视若珍宝吗?在这一过程中,他的雄性征服感没有得到满足,他没有成就感,是故他不会为此付出很多。而你,或许只是他炫耀的资本。

所以,倘若你对一个男子心仪已久,但他始终对你不温不火,令你琢磨不透他的内心。那么,请不要贸然行动,主动对他说出那三个字。或许,你真的不是他心目中的那个她,如此一来岂不是令彼此都很尴尬?倘若你心有不甘,依然对他施用"疲劳战术",死磨硬泡,他可能就会彻底逃离你的视线,到那时你连唯一的机会也没有了。

时至今日，人们常说男女平等，提倡女孩大胆去追求自己的爱，但如果我们真像"男追女"那样去"女追男"，似乎总是有些不合常理。终有一天，男人会去体会那种征服的成就感，感情危机亦会随之而来。

雅兰在一次"未婚男女联谊会"上认识了自己现在的老公。第一次见面，她就被他深深地吸引了。你看他，仪表堂堂，待人彬彬有礼、恭谦适度，衣装得体又谈吐不俗。通过简单的交谈雅兰得知，他是一家合资企业的行政管理人员，早年因为一心为事业打拼，所以耽误了婚姻大事。雅兰暗下决心：不管用什么手段，一定要追到他。

功夫不负有心人，在雅兰强烈的爱情攻势下，他终于败下阵来，二人携手走进了婚姻殿堂，她的婚姻一度被身边的姐妹们传为佳话。结婚以后，雅兰对老公照顾的无微不至，家务她一个人包了。每天清晨，她都会早早起床为老公准备好早餐，将衬衫、领带叠平放在床前，甚至连牙膏都会为老公挤好。

做饭的时候，虽然她与老公的口味存在不小的差异，但雅兰总是依据老公喜欢的口味来做，二人一起购物时，她总是先帮老公挑选所需物品……

刚结婚的几年，雅兰认为这都是一个妻子的分内之事，她不抱怨，更何况老公可是自己千辛万苦才争取到的呢！但久而久之，女人敏感、脆弱的本性便显露了出来。她越发觉得自己有些委屈和不甘。然而，每每她向老公诉苦时，老公总是一副不屑一

顾的模样，一旦争执起来，老公就会讥讽道："谁让你当初死缠烂打地追我来着？"

如今，雅兰苦恼异常，她不知道怎样才能改变现状，她想她需要的是一个对自己关怀备至、温柔体贴的老公，可是老公似乎就是不肯"施舍"给她。她更怕，怕有一天老公在外面有了别的女人，而给她的解释依然是那句："谁让你当初死缠烂打地追我来着？"

男人对于主动送上门的"猎物"，似乎天生就具有排斥感，即便这是一只"孔雀"，在他们眼里也会成为"山鸡"。他们天生好斗，总是希望自己的世界中充满挑战，他们乐于享受在征服过程中所体会到的悲欢起落、忐忑不安。对他们而言，只有来之不易，才存在珍惜的价值。所以奉劝姐妹们，遇到心仪的男士，千万不要表现得过于主动，否则你一定会很被动。

## 爱如糖果，一次只给一颗

爱如糖果，甜而蜜。有人说，女人说爱，便会将整个身心托付给他，来成全男人的那根肋骨。所以我们常见一些女人，一旦爱了，便毫无保留地去对一个男人好，可换来的往往不是等价的回报。

姐妹们要记得，糖果——一次只能给一颗，这样他才会细细咀嚼甜蜜的滋味。倘若你一次塞给他一百颗糖果，那么他要么会牙疼，要么就会反胃。

有一个女孩，她在刚刚懂得"爱"的时候，便决心要做一个标准的贤妻良母。后来，她结识了现在的男友，可想而知，她毫不保留地将自己的爱全部奉献给了男友。刚刚结识一个月，她便做起了男友的保姆，洗衣、做法、清洁、购物等，男友所有的生活需求，她统统毫无条件地予以满足。起初，男友还常常夸赞她是个温柔体贴、善解人意的好女孩，但随着时间的推移，男友便越来越吝啬他的赞美了。

那一天，男友下班回家，突然想喝罐啤酒，打开冰箱却并未找到，于是便让女孩下楼去买。女孩当时正在切菜，随口说道："你自己下去买吧！"谁知只这一句话便惹怒了男孩，他非常生气地指责道："我发现你越来越懒了，以前都是早早买回来放在冰箱中，现在非但不提前做准备，就连让你买一趟你都推三阻四的！"

女孩感到委屈异常，回到家中便将这件事一五一十地告诉给了母亲。母亲想了想，笑着说道："我和你爸爸结婚以前养过一条'沙皮'，它最喜欢吃奶糖。有一次，我买了几斤放在盘中便出门了，回来时发现整整一盘奶糖都被它吃了，接下来的一周，即便我把糖纸剥开放在它的嘴边，它都懒得去舔一下。于是我有些气恼，这一个月便断了它的奶糖。此后我定了个规矩，给它糖

吃，但每天只给它一颗，哪天若是晚给了一会，它就会不停地围着我转，尾巴都快摇断了。"

听了母亲的话，女孩似有所悟。

母亲又继续说道："我的一个朋友最近离婚了，他与发妻共同走过了 20 年，妻子对他好得没话说。他告诉我们：有一次他去爬山，有一段坡度很陡，正当他脸色苍白地坐在石阶上，一边擦汗一边喘着粗气时，有位女士将自己背包中的半瓶水和一点食物递给了他。就在那一刻，他甚至觉得她就是上天赐予他的天使。如此看来，20 年的朝夕相共、无微不至竟抵不过偶然一次的感恩之情。"

男女间的恋爱恰如一部电视剧，每天播放两三集，多数人都会在翌日、在相同的时间守候在电视机旁，因为他们关注着剧情将怎样发展。所以我们看到的电视剧每一集均在关键之处谢幕或是插点广告，其目的就是为了吊足观众的胃口，让你欲罢不能，即便口中说着"这广告真烦人！"可还是会耐心地等到广告结束的那一刻。同样，你给予男人的感觉、对他的好也应该和电视剧一样，每天只是那么一点点，这样才能吊起男人的胃口，让他们天天想着下面的"剧情"。一如童话中的灰姑娘，她在与王子跳得兴高采烈之时便匆匆离去，虽然这不是她的本意，但却吊足了王子的胃口，或许正源于这阴差阳错的"吊"，那个不起眼的灰姑娘最终成为了王子的爱人。

其实，爱情本身是有温度的，从你与他相识的那一刻直至热恋，爱情是在逐渐升温的，而当温度濒临沸点又会逐渐回落，这是一种很正常的现象。倘若你把握不好这个升温过程，一下子将全部"干柴"添入"烈火"之中，促使它熊熊燃烧，那么它很快就会燃为灰烬。聪明的女人大多不会这样，她们会一点点地为爱情添薪加柴，让爱慢慢升温，既安全又温暖，宛若细水长流。请记住，爱如糖果，一次只给一颗。

## 做一支"带刺的玫瑰"

作为新时代的女人，我们都憧憬着能够收获一份美好的爱情，然而现实中的爱情往往不像我们想象的那么简单。我们期盼着爱的温暖，又惧怕被爱的火焰灼伤。这该如何是好？其实，我们不妨做一支"带刺的玫瑰"，开得暧昧，又不失那缕纯洁的幽香。

双眸含情、十指带香、忽远忽近、若即若离，留下一种朦胧的距离感，是令男人欲罢不能、只得亦步亦趋紧紧追随的一种绝妙状态。对你无意的人，他必然看不出你有意留下的距离；对你有意的人，则必然会对你这暧昧的伸手却又不可触及的距离醉心不已。聪明的女人懂得在恋爱过程中，给男人制造一些不大不小的"麻烦"，让他们时刻保持一种挑战感、求知欲，一种彻底了

解自己的渴望。因为她们知道，爱情本身就是一场战争。

大学毕业以后，年轻靓丽的翟微微进入一家小公司，担任行政助理一职。不多日，翟微微年轻的上司就对她展开了爱情攻势。

面对年轻有为的追求者，翟微微并未火速投入对方的怀抱，她最多只是偶尔答应与他共进午餐，但极少答应与他晚上约会，更是尽量避免和他单独相处。她知道，喜欢他的女孩很多，而且个个都是要才有才、要貌有貌，几乎每天，他都会收到来自美女们的约会邀请。而翟微微却偏要与她们背道而驰，她从未主动约过他一次，却在不经意间流露出些许对他的好感，但绝没有丝毫取悦之态。她从不让他碰她，尽管她的心里早就已经把他当成了自己的男友。在翟微微看来，这是对付男人的一种策略，她不仅要抓住他的心，而且要考验他是否真心。

翟微微就这样与上司保持着若即若离的关系，得益于他的照顾，翟微微的工资开始猛涨，另外还有加班费。因为只有加班，她的上司才能与她相处得更久一点，他喜欢有她在身边的感觉。几个月过去了，翟微微攒下了一笔小钱，她打算轻松一下，去一次自己梦中的天堂——夏威夷海滩。

翟微微的上司得知以后，毛遂自荐要陪她去，并承诺负担一切开销。翟微微没有应允，她说工作离不开他，而且这次旅行，她想享受一个人的自由。但翟微微接着又说，她会挂念这份自己如此热爱的工作，会挂念那些相处得非常好的人。她有意留下一片模糊，让人琢磨不透：难道"那些人"是指他？

上司无奈，说："既然如此，那我祝你旅途愉快。"话毕，意味深长地看了她一眼。三天后，翟微微登上了前往夏威夷的飞机。

来到夏威夷，翟微微为自己找好住处以后，便如约给他打电话。电话中，他关心地询问她有什么安排，现在住在哪家宾馆等。翟微微都一一作了回答。

翌日一早，翟微微突然接到服务台的电话，说是有人找她，是位男士。她大感惊奇，以为是服务台弄错了，自己在这异国他乡根本没有熟人啊！但服务台坚称没错，说找的就是她，现在来人正在楼下的咖啡厅等她。

她莫名其妙地来到咖啡厅，竟然看到了她的上司！他怀中抱着一捧娇艳欲滴的玫瑰花，笑着对她说："我也是来度假的，这里真不错。"

翟微微的眸子红了。他走上来，把花递给她，然后给了她一个温暖的拥抱，并附在她的耳边轻轻地说："我爱你。"

男人天生就喜欢扮演猎手，爱情于他们而言，就是一个猎艳的过程，他们会在追逐的过程中激发斗志，获得快感。如果你打算参与这场游戏，想要抓住某个男人的心，无论心甘与否，都要扮演好一个猎物的角色——"向前跑，让他追！"当然，跑出多远一定要做到心中有数，要让他一直保持着高度的进攻状态，同时也是为自己留下一点后路——他不会放弃这次捕猎。只有这样

的爱才显得高贵而华丽，才会让他对你更加尊重。要知道，让人喜欢很容易，但要让人尊重是需要付出一定努力的。

一个名叫史妙可的女孩，她对待喜欢的男人。她喜欢假意不在乎，然后静观其变，她就像鱼饵一样，等待他自动咬食。

他是一个事业有成、气度不凡的男人。某次他与史妙可在一家西餐厅相遇。他很自负，凭以往的经验，这女人多会主动与他搭讪。

不过，这次他错了，史妙可是一个例外。当时，史妙可正对着面前的火腿、牛排和番茄三明治大快朵颐，他竭力想引起她注意。史妙可知道他在注视自己，她在心底对他也有好感，但她假装毫无察觉。

第二天他又来了，史妙可依然装作不经意地看了他一眼，接着就全神贯地对付盘中的美食，不再赏赐给他一个美丽的眼神。他感觉自己骄傲的心受到了挑战，向来以"白马王子"自居的他，怎能容忍女人如此轻视他。于是，第三天他又来了，然而一切照旧。第四天他依旧不死心，史妙可仍然只对面前的美食感兴趣。他再也按捺不住了，在他看来，这是对他公然的挑衅，既如此，他就必须与她正面交锋。他不信邪，不相信这世界上真有对他无动于衷的女人。

于是，第五天，他主动向她发出了邀请。她一直犹豫，不过最后还是答应了……这个曾经令诸多女人倾倒不已的男人，当他遇到史妙可以后，感觉自己第一次受到了挑战——他要征服这个对自己不屑一顾的女人。

就这样，史妙可不露痕迹地钓鱼成功，成了这个令许多女人朝思暮想的男人的妻子。而他，却一直以为自己是这场"战争"的胜利者。

一个优秀的男人，他的身边必然不乏"粉妆红裙"，他必然看惯了投怀送抱之事，这时倘若你太主动，他必然会感到索然无味，又怎会对你另眼相看？所以，对于自己喜欢的男人，尤其是那些优秀、高傲的男人，无论你心中是何等喜欢他，表面上也要装得毫不在意。只有这样，你才能引起他的关注，让他越来越在意你。

当然，这里还有个度的问题需要把握。在追逐中，男人大多没有什么耐心，你不给他一点甜头，他多半是不会一直追下去的。这就要求我们审时度势，在"擒"与"纵"之间掌握一个适当的分寸。

## 女人，神秘点更美丽

世人都有这样一个共性：越是面对神秘的事物，越是充满了期待，总是欲一睹真容而后快。所以，那些聪明的女人往往会刻意为自己制造一些神秘感，让人产生一种"雾中花"、"水中月"的感觉，从而激起人们对于自己的关注度。

中国有句俗语："外来的和尚会念经"。难道说，外来的和尚其修为就一定胜过本地和尚吗？这不尽然。外来的和尚之所以受人推崇，关键就在于"外来"二字，因为是"外来"所以"神秘"，因为"神秘"所以受人关注。

其实，只要你细心观察就会发现，那些名人、尤其是女明星在接受媒体采访时，大多不会将自己的想法、意见和盘托出，而是有所保留，让人捉摸不透。于是，人们便开始不自觉地去揣测：她是那样神秘，真是一个高深莫测的女人啊！其实，这一点在恋爱中也有所体现。

在王燕看来，"正经女孩"是不会轻易与男士交往的，除非她真心爱这个人。她认为，男女交往时，女方在言谈举止上，必须时刻保持典雅、温柔的风范，只要与对方建立了亲密的关系，就必须倾心以对，必须至死不渝地追随对方。

当王燕喜欢上某一男士时，就会在很短的时间内将自己的情感完全交付出去。为了男友，她可以做任何事。例如：她会将自己的情感经历、家庭背景、兴趣爱好等，一无保留地告知对方；她会亲自为对方下厨；她会不时买一些礼品送给对方；她会主动邀请对方看演唱会、喝咖啡、吃必胜客等。总而言之，她对男友可谓是尽心尽力、毫无保留。

然而，那些与王燕交往过的男孩，虽然刚开始时都觉得王燕是个好女孩，都愿意与她有进一步的发展。但约会几次以后，他们便会觉得王燕太过简单，又似乎比自己还要迫不及待。由此，他们便开始兴趣索然了，一个个都对王燕唯恐避之而不及。这让王燕很伤心，她不明白，为什么自己如此坦诚相对，却得不到对方的回报呢？

王燕的失败就在于她太"坦诚"了！在心理学中，有这样一种升值规律：越是得不到的东西，越是让人朝思暮想，这种现象在异性情恋方面尤甚。所以，如果王燕能在与对方交往时，"矜持"一点，让对方去揣摩自己、猜测自己，刺激对方的兴趣，相信结果一定会大不相同。

我们若想提高自己的关注度，不妨也来效仿此举，做一个神秘的女人，不但要"千呼万唤始出来"，还要"犹抱琵琶半遮面"，让别人主动燃起接近你、探知你的欲望。

## 别用任性挑战爱情的韧性

我们一直在强调，对待男人一定要"吊"着来，同时也一直再强调，"吊"必须有个度。当然，大多数女孩蕙质兰心，懂得在松弛、擒纵之间始终让自己处于主动地位。但也不乏一些女孩，她们或许是过于自信，喜欢将"任性"作为对付男人的杀手铜，喜欢用任性来考验男人的真诚，最终越过了男人可以容忍的尺度。如此一来，男人是被"吊"起来了，而后距离也有了，可

是最后美却没了。

男孩对女孩爱之甚深,非常在乎她的感受。所以每每吵架之时,男孩总是将过错揽到自己身上,即使有时候真的不怪他,因为他不想让女孩生气。就这样过了两年,男孩仍然深爱着女孩,像当初一样。

有一个周末,女孩出门办事,男孩本来打算去找女孩,但一听说她有事,便打消了这个念头。他在家里独自待了整整一天,他没有联系女孩,他觉得女孩一直在忙,自己不应该去打扰他。

谁知女孩在忙的时候,还想着男孩,可是一天没有收到男孩的问候,她很生气。晚上回家以后,女孩发了条信息给男孩,话说得很重,扬言要分手。

男孩心急如焚,他打女孩的手机,连续打了几次,都被挂断了,打家里电话也没人接。他猜想,可能是女孩将电话线拔了。男孩抓起衣服就出门了,他要去女孩家。

男孩来到女孩家门口,他一连敲了九次,但屋内始终没有回应,男孩绝望了,带着满心失落慢慢消失在黑夜之中。

从此他们天各一方,各自为着自己的事业奔波,后来,又都建立了彼此的家庭。女孩的家庭不是很幸福,丈夫酗酒,喝醉了就骂她,有时甚至拳脚相加,所以她很怀念年轻时的那段恋情——如果是他绝不会这样。

多年以后,他们不期而遇。

他问她："那天晚上我来敲你的门，你为什么不开门？

她说："我在等你。"

"等我？等我干什么？"

"我要等你敲第十次才开门……可你只敲了九次就停下来了。"

现在，她悔得肠子都青了，本已到手的幸福就被自己不依不饶的任性所葬送了。

其实，女孩完全可以在对方敲第九次的时候将门打开，或者在他离去时把他叫回来，这样她已经很有面子了。但她太任性，将男孩"吊"得太高，非要坚持等那第十次，所以她错过了本该属于自己的幸福，这段遗憾仅缘于女孩过于执著那多出来的一次敲门而已。

诚然，任性似乎是女人的天性，也是女人的专利。但凡女人，有谁没有在恋人面前耍过小脾气呢？任性耍赖、无理取闹、流泪哭泣这俨然已经成为女人对付男人的专属武器。女人爱在男人面前耍无赖，甚至故意挑衅与其发生争执，而心中却隐隐希望吵过之后他能心生歉意，对自己越来越好。女人热衷于用任性、折磨、不讲道理去挑战男人的底线，这对于女人而言或许是一种试探，她们一次又一次、不厌其烦地试探着，其目的或许只是想摸清自己在他心中到底有多重要。这是女人的天性，是不可避免的，那些聪明的女人大多懂得将自己的任性掌控在适当的尺度上，这样的任性不能说是缺点，有时它反而会让女人显得更加

可爱。

然而，凡事不可过，过犹不及，适当的运用任性可以成为两人之间相处的调味剂，一旦过了度，便会伤及到彼此的感情。当然，伤的不止是你爱的他，还有我们自己。姐妹们请记住，任性可以成为我们吊男人胃口的手段，但千万不要用任性去挑战爱情的韧性。

# 第五章

# 独具慧眼，择偶决不含糊

　　婚姻于女人而言，是一辈子中的头等大事，是女人一生的投资，一旦选错，追悔莫及。

　　女人与男人不同，男人选错女人，离婚再娶，其价值依然不会打折。而我们女人，一旦再婚，总是不如头婚受人重视，有时甚至只能无奈地将自己"随便"嫁掉。所以说，女人，择偶一定要慎重，要知道你想要的是什么，要擦亮眼睛看清你面前那个男人的本质，要知道什么样的男人才能带给你幸福！

　　还是那句话，女人，择偶一定要慎重，这可能是关乎你一生的幸福……

# 爱情，从不完美

现实生活中女人寻找的是"白马王子"，男人寻找的则是才貌双全的"人间尤物"，他们寄予爱情与婚姻太多的浪漫，这种过于理想化的憧憬，使许多人成了爱情与浪漫的俘虏。

毋庸置疑，十全十美的人和事在现实生活中根本不存在，倘若你真的要去抓住这种乌托邦式的梦，那你会让自己劳而无功。女人们在婚恋的道路上，不妨适当地糊涂一点，不要去苛求完美的爱情，这样才能找到真爱。

刘静、平娟、丽梅是好得不能再好的闺中密友，三人中刘静长得最美，丽梅最有才华，只有平娟各方面都平平。三个人虽说平时好得恨不能一个鼻孔出气，但是在择偶标准上，三个人却产生了极大的分歧。刘静觉得人生就应该追求美满，爱情就应该讲究浪漫，如果找不到一个能让自己觉得非常完美的爱人，那么情愿独身下去；而丽梅则觉得婚姻是一辈子的大事，必须找一个能与自己志趣相投的男人才行；只有平娟没有什么标准，她是个传统而又实际的人——对婚姻不抱不切实际的幻想，对男人不抱过高的要求，对人生不抱过于完美的奢望，她觉得两个人只要情投意合,别的都不重要。

后来,平娟遇到了陈军,陈军长相、才情都很一般,属于那种扎在人堆里就会被淹没的男人,但他们俩都是第一眼就看上了对方,而且彼此都是初恋的对象,于是两个人一路爱下去。对此刘静和丽梅都予以强烈的反对,她们觉得像平娟这样各方面都难以"出彩"的人,婚姻是她让自己人生辉煌的唯一机会,她不应该草率地对待这个机会。但是平娟觉得没有人能够知道,漫长的岁月里,自己将会遇见谁,亦不知道谁终将是自己的最爱,只要感觉自己是在爱了,那么就不要放弃。于是平娟23岁时与陈军结了婚,25岁时做了妈妈。虽说她每天都过得很舒服、很幸福,但她还是成为了女友们同情的对象,刘静摇头叹息:"花样年华白掷了,可惜呀";丽梅扁着嘴说:"为什么不找个更好的?"

当年的少女被时光消耗成了三个半老徐娘,刘静众里寻他千百度,无奈那人始终不在灯火阑珊处,只好让闭月羞花之貌空憔悴;而丽梅虽然如愿以偿,嫁给了与自己志趣一致的男士,但无奈两个人总是同在一个屋檐下,却如同两只刺猬般不停地用自己身上的刺去扎对方,遍体鳞伤后,不得不离婚,一旦离婚后,除了食物之外她找不到别的安慰,生生将自己昔日的窈窕,变成了今日的肥硕,昔日才女变成了今日的怨女;只有平娟事业顺利,家庭和睦,到现在竟美丽晚成,时不时地与女儿一起冒充姐妹花"招摇过市"。

刘静认为完美的爱人、浪漫的爱情能使婚姻充满激情、幸福、甜蜜,其实不然,完美的爱人根本就是水中月镜中花,你找

一辈子都找不到，况且即使你找到了自己认为是最美满、最浪漫的爱情之后，一遇到现实的婚姻生活，浪漫的爱情立刻就会溃不成军，因为你喜欢的那个浪漫的人，进了围城之后就再也无法继续浪漫了，这样你会失望，失望到你以为他在欺骗你；而如果那个浪漫的人在围城里继续浪漫下去，那你就得把生活里所有不浪漫的事都担持下来，那样，你会愤怒，你以为是他把你的生活全盘颠覆了。

丽梅自视清高，把精神共鸣和情趣一致作为唯一的择偶条件，她期望组织一个精神生活充实、有较强支撑感的家庭，她希望夫妻之间不仅有共同的理想追求和生活情趣，而且有共同的思想和语言。可是事实证明她错了，她的错误并不在于对对方的学识和情趣提出较高的要求，而在于这种要求有时比较褊狭和单一。实际上，伴侣之间的情趣，并不一定限于相同层次或领域的交流，它的覆盖面是很广泛的，知识、感情、风度、性格、谈吐等都可以产生情趣，其中，情感和理解是两个重要部分。情感是理解的基础，而只有加深理解才能深化彼此间的情感，双方只要具备高度的悟性，生活情趣便会自然而生。

平娟的爱也许有些傻气，但是恰恰是这种随遇而安的爱使她得到了他人难以企及的幸福。爱情中感觉的确很重要，感觉找对了，就不要考虑太多，不然，会错过好姻缘的。将来的一切其实都是不确定的，不确定的才是富于挑战的，等到确定了，人生可能也就缺少了不确定的精彩了。平娟很庆幸自己及时把握了自己的感觉，青春的爱情无法承受一丝一毫的算计和心术，上天让平娟和陈军相遇得很早，但幸福却并没有给他们太少。

那些像平娟一样顺利地建立起家庭的女士，似乎都有一个共同的心理特征，即方圆而为，率性而立，她们敢于决断，不过分挑剔。爱情中的理想化色彩是十分宝贵的，但是理想近乎苛求，标准变成了模式，便容易脱离生活实际，显得虚幻缥缈。

## 爱情友情区分开

人们一直在讨论一个问题："男女之间是否有真正的友谊？"可见友情与爱情有时真的很难分清楚，很多人都错把友情当爱情，结果破坏了彼此的友好关系。

张小姐和胡先生各自都有恋人，他们在同一个公司上班，住得又很近，所以上下班常常在一起走，在公司里两人又总是互相照顾，因此很快成为了好朋友，他们彼此的恋人对此也很理解，四个人还常在一起聚会什么的。有时候，张小姐觉得胡先生甚至比男朋友对自己更体贴。有一天，张小姐生病了，留在家里休息，偏巧男朋友又出差未归，她只好一个人躺在床上胡思乱想，连午饭都没吃。五点多钟胡先生忽然来了，原来他知道张小姐病了，特意来探望她。胡先生给她削了个苹果，又给她做了饭，张小姐很感动，眼泪就不知不觉地流了出来，胡先生顿时生出一阵

怜爱之情，轻轻地抱住了她。不知为什么，张小姐竟然没有拒绝。事后两人都非常后悔，他们觉得对不起自己的恋人，而且他们也明白了，自己对对方只有友情没有爱情。后来这件事被胡先生的女朋友知道了，她找到张小姐大闹了一场，结果张小姐的男友也和她分手了。

人的感情世界十分丰富：亲情、爱情、友情、乡情……其中最复杂的就是异性间的友情，这种感情迷迷蒙蒙，若即若离，很容易便会让人产生感知上的错误。张小姐和胡先生就是因为彼此互相照顾，而错将友情看成了爱情。可以想象，当胡先生为病中的张小姐削苹果的那一刻，两个人对彼此必定是充满了爱怜之情的，这种爱怜之情，其实是友情的一种升华，并非真正的爱情。如果异性朋友能够分清友情与爱情，那么他们就不会给自己惹来不必要的麻烦了。

他即将结婚，她是新进单位不久的大学生，二人在同一个办公室工作，很快熟络起来，并成为工作上的搭档。他撰写的稿件请她帮忙推敲，提出意见；她撰写的文章请他帮忙批改、润色加工，然后联名见报。每当外出采访，他俩都形影不离，回来后一起熬更守夜地赶写稿子。当饥肠辘辘时，她就会从那精致的小包里拿出早已准备好的零食来，送给他吃。他被这种似水柔情所感动，他停下笔，久久凝视着她，尔后又精力充沛地写完稿子。相处长了，时间久了，他们心里产生了异样的感觉。一次他们外出采访，晚上投宿在一家小旅店里，谁知只剩下了一间房子，无奈只好住下。他们似有些尴尬，他把两张床铺好，中间放了一条板凳，风趣地说："这算是'三八'线，今晚我们各自为政。"他们和衣躺在床上，面对漆黑的夜，毫无睡意，他们天南海北地聊起天来。聊到了事业，聊到了爱情，她的心里有一阵悸动，但当他谈到自己的女朋友时，看着他那一脸幸福的模样，她似乎突然清醒了很多。后来，她渐渐睡去，她做了一个梦，梦见自己正参加他的婚礼，他们郎才女貌，很是幸福，而她亦真诚地为他们送上了祝福。

　　爱情和友情最容易让人混为一谈，因为它们都含有爱的成分，它们都包含着信任、理解、真诚的丰富内涵。但爱情和友谊也有很多不同，比如说它们虽然都源于彼此的好感和敬慕，但友谊多是对友人的志趣、爱好、人品的敬重，而爱情更多的是对异性的音容笑貌的倾慕，如果有一天，你突然间发现自己对某个异性朋友的长相、服饰、神色甚至动作，以及他所交往的人产生了极大的兴趣，这时你就该冷静地想一想，你对他的情感到底是友情还是爱情。

　　另外，还有一点可以很好地帮你鉴别友情与爱情。友情不具有排他性，你既可以是甲的朋友，也可以是乙的朋友。而爱情则不同，具有相互间渴望成为终身伴侣的强烈情感，爱情具有排他性。因此，真诚的友情是向一切知己奉献，纯洁的爱情只能向一人奉献。换句话说就是，如果看到你对他和其他异性的亲密往来毫不介意，没有酸溜溜的感觉，那你对对方就是单纯的友情，反之，可能就是爱情。

　　与异性交往可以消除对异性的神秘感，有助于你找到真正的

爱情。不过提醒姐妹们一句，千万不要以为某个朋友对自己比别人亲切些，彼此合得来些，就误认为他爱上了自己。从友情到爱情还有相当长的距离，误把友情当爱情既害人又害己。

## 与爱你的男人结婚

正值婚龄的女孩子总是面对着一道选择题发愁，这道选择题的题目是：你希望未来的老公是？答案：A. 爱我的人；B. 我爱的人；C 爱我并且我也爱的人。当然，只要是思维正常的女人都会选择答案 C。但事实上，这种理想型的老公虽然存在，但被你遇到的几率却很小。于是，一些爱情至上的女孩勇敢地选择了 B，认为只有这样才不白爱一回；而一些聪明的女孩则选择了 A，事实上后者大多生活得很幸福。

男人与女人的性别特质，决定了二者对待爱情的不同态度。一般来说，男人信奉"一见钟情"，他们可能会在很短的时间爱上一个女人，而且一旦坠入爱河，就会对自己的选择深信不疑。为了追求自己的选择，即便是一个非常内向的男人也会表现出前所未有的热情，他们愿意为对方上刀山、下火海，不惜一切代价去呵护对方。

反之，倘若没有这种"一见钟情"的感觉，那么男人就很难被爱情所征服，无论你对他有多么好、多么体贴，他都会视而不见。而且，即便是结了婚，倘若他心不甘、情不愿，也有很大的出轨可能。

女人则不同，女人大多属于慢热型，她们在刚刚接触某位男士时，不会马上进入状态，更不会全身心地投入，她们需要给自己预留一段时期进行观察。但随着时间的推移，在对方的穷追猛打之下，女人很可能会被男人的真诚与执著所征服，除非那个男人实在不堪入目。

而且，女人一旦进入状态，那个男人几乎就会成为她的全部。即便对于一段婚姻不是百分之百的满意，女人也会尽一个妻子的本分，她们会将自己的全部都奉献给自己的丈夫、孩子，会用自己柔弱的身体支撑着丈夫、支撑着家。所以有人说，女人只要对一段婚姻有80%的满意度，就足以维持这段感情。

基于男女本质上的不同，所以人们常劝女人："找一个爱自己的人做老公。"而事实上，找一个爱你的人，确实要比找一个只是你爱的人更幸福。

李沐冰花季时爱上了一个同岁的男孩，然而对方不像李沐冰爱他那样爱自己。不过，那时的沐冰对爱情充满了幻想，她认为只要自己爱他就足够了，自己只要有爱，只要能和自己爱的人在一起，这一辈子就是幸福的。于是，情窦初开的李沐冰不顾闺密劝说，毅然决然地嫁给了那个男孩。然而，婚后的生活与李沐冰对于爱情的憧憬完全是两个样子，从结婚那天起，沐冰的幸福就告一段落。她的丈夫爱喝酒，只要喝醉了就对她拳脚相加，即便

是在外边惹了气，回到家中也要拿她来撒气。两年以后，沐冰产下一女，丈夫对她的态度更不如前，就连婆婆也对她骂不绝口，说她断了自家的香火。

后来，她丈夫滋事，死在了别人的棍棒之下。为了女儿，她坚难地生活着，她认为这就是她的命，这种状况一直持续到她改嫁那天。

时已年近三十的李沐冰虽然被无情的岁月、困难的命运褪去了昔日的光鲜，却增添了几分成熟女人的韵味，依旧展现着女人最娇艳的美丽。媒人上门提亲时，只说陈文佳是个过日子的男人，靠手艺吃饭。李沐冰因为想急切地逃离那个家庭，所以根本不在乎对方是不是自己爱的人，没有多问就改嫁到了陈文佳家。

过门以后沐冰才发现，那个男人长得又黑又丑，满口黄牙，而且他的所谓手艺也只是顶风冒雨地修鞋而已。见到陈文佳的那一刻，别说爱上他了，沐冰心中甚至有一种上当受骗的感觉，但是她知道，自己已经没有任何退路了。

然而，就是这样一个不起眼的丑男人，却让她深切体会到了男女之间真正的爱情。

结婚之后，陈文佳很是宠她，不时给她买些小玩意，一个发夹，一支眉笔……有一次，甚至还给她带回了几个芒果。在以往近三十年的岁月中，李沐冰从来没有用过这些东西，更不用说吃芒果了。

在吃芒果的时候，陈文佳只是傻傻地看着她，自己却不吃。

沐冰让他："你也吃。"他却皱眉："我不爱吃那东西，看你喜欢吃我就高兴。"后来，李沐冰在街上看到卖芒果的，过去一问才知道，芒果竟要二十几元一斤，她的眼睛瞬间红了起来。

那么香甜可口的东西他怎么可能不爱吃？他是舍不得吃呀、是为了让她多吃一些啊！

有一天，陈文佳对李沐冰说："总有一天我会先你而去的。"李沐冰一下子就哭了："那我和你一起去。"

"那可不行，我舍不得！"他说，"现在咱们还没有什么积蓄，我再挣几年，给你养老应该没有问题。还有，我给你在一块地里种了五百棵树苗。如果我去了，而有一天你也不能动了，那五百棵树也长大了，它们应该就能养活你了！"

李沐冰扑到陈文佳的怀里痛哭不止。五百棵树，他种下的只是五百棵树吗？还有对她深深的爱啊！从小到大，有谁如此这般为自己着想过？这一辈子值了！

一年后，沐冰诞下麟儿，她给儿子取名叫"幸福"。

爱情里，幸福的定义是什么？是两情相悦、相濡以沫，而绝不是单方面的付出。

婚姻对于女人而言并不公平，说到底女人是"嫁"给男人，结婚以后女人往往会成为家庭的俘虏，她们要为这个家、这个男人付出很多。从某种意义上说，女人适应婚姻甚至要比应届生适应社会更加困难。在由少女成为少妇这一艰难的过渡期中，男人扮演着十分重要的角色，倘若他对你的爱有所保留，倘若他不支持你，那么这段婚姻生活注定与幸福无缘。

　　所以，请你在结婚之前一定要考虑清楚，你所要的究竟是什么？如果结婚是为了拥抱幸福，那么请选择一个真正爱你、一个甘愿为你付出一切的人，因为只有这样的人才懂得爱你、宠你、珍惜你，才能给你的生命注入真正的幸福。

　　女人，若是我们不能幸运地找到一个彼此相爱的人托付终身，就请退而求其次，选择一个真正爱你的人！

# 第六章

# 拒绝依赖，独立生存

很多女人把丈夫当做自己经济上的支柱，因而失去了自己独立的人格。这是因为，她们从决定依赖丈夫生存的那一刻，就注定要由这个男人来主宰自己的生活质量。

一个聪明的女人不会将自己的一切都付托给丈夫，即便她们非常爱那个男人，也会拿捏住自己的分寸，不会因此放弃自己的事业，乃至于失去自我。

## 女人，咱不做附属品

时下，女人们常说："干得好不如嫁得好。"那么，嫁得好真的就好吗？不尽然。

我们不妨睁眼看看，这个世界上有多少女人为了家庭放弃了自己的事业，最终又被家庭所遗弃呢？她们牺牲事业，为了丈夫、为了孩子不断地付出，最后迎来的却是丈夫的背叛！当她们想重拾自己的事业时，却发现自己已经跟不上时代的脚步，完全与社会脱轨了，这难道不是一种悲哀？

所以说，女人一定要"进得厨房，出得厅堂"，不但要照顾好家庭，更要照顾好自己的事业。即便你的丈夫能够为你提供优渥的生活条件，但你同样要学会独立。因为，独立才能让你找到自我，独立才能让你实现自己的价值，而不是作为男人的附属品，仰人鼻息。因为，独立的女人才能找到自信，才能让你在爱情中收放自如。

瑶瑶未嫁人前是个小白领，日子过得逍遥自在、无拘无束，闲暇时与朋友泡泡吧、逛逛街，活得非常滋润。

结婚以后，瑶瑶遵照老公的吩咐，辞去工作，当起了全职太太。渐渐地，朋友疏远了，交际变少了，有时做完家务，瑶瑶一个人站在阳台上，望着不远处繁华的街道，心中竟会撩起一阵阵莫名的空虚。

后来，老公以"资金周转不灵"为由，削减了瑶瑶的生活费用，每个月只给她4000元的家用，当然，这其中还包括物业费、水电费、煤气费等一切家庭支出。有时，甚至与老公一同外出就餐，都要她掏腰包买单。

我们可以想象一下，区区4000块，还要打理家中的一切，瑶瑶自己还能剩下什么？有时，她甚至因为钱不够用，弄得自己紧衣缩食，连以前常常光顾的餐厅都不敢再去。但是，纵然如此，她亦不曾向老公张口。在她看来，自己没有能力养这个家，需要依附老公的"关爱"过日子，所以不能再给老公添麻烦，她甚至觉得再伸手向老公要钱，是一件非常丢脸的事情。

再后来，老公在外面有了别的女人。她不敢与老公争执，她怕失去这份赖以生存的"关爱"，于是她跑去找那个女人，央求她放过自己的老公，女人良心发现，应允了。可是没过多久，老公又摘到了新的"野花"。对此，她伤心透顶，但又无可奈何："如果他不要我，我该怎么活呢？"于是她选择了忍气吞声，但这样的日子要到何年何月才到头呢？

女人，若是彻底放下事业，专心为男人做保姆、生儿育女、打理家务，就会逐渐使自己的思维变得狭窄，继而完全丧失自我。更可气的是，对于我们这样的付出，很多时候男人并不领情。他们总是在用极端挑剔的目光审视着自己的老婆，他们简直希望自己的女人是完美的化身：貌若西子、贤如孟光、才比易安。倘若有一点不

及他意，他便会思绪翻飞——瞧，那个女人多好。

所以说，倘若哪个女人只想着依附男人生活，那么她势必会输得很惨，又遑论幸福美满？

女人，需要有自己的事业、自己的朋友、自己的交际圈，这样才能与社会紧紧挂钩，才不会在惨遭遗弃之时茫然不知所措，才有资本与男人"叫板"。

我们必须认清一点——维持婚姻的平衡，其首要条件就是夫妻双方人格上的平等。这种平等取决于什么？取决于我们的自强、自立。女人不是弱者，女人应该让男人知道：离开他们，我们一样可以活得很好！

女人，要为自己而活，绝不能做一个完全依附男人的"附属品"。

## 让职场淡飘女人香

我们常常说某某人很有"女人味"，在这里，女人味指的是女人身上的一种气息，它所代表的不仅仅是成熟、温柔、善良、爱心、智慧，还有魅力和性感等。是岁月沉淀后的美，是女人内在品质的外在表现，女人味不是一种特质，也不是一个单词，它更像一种无形的力量，传达出女人的气息。简言之，女人的味道就是女人的神韵和风采。没味道的女人即使再漂亮，只要一开口就会暴露出贫瘠的内心和空荡荡的精神。只有经过岁月淘洗后的女人才味道十足，惹人眷恋。

一提到职场，所有古板的规则就浮现在人们的脑海中。似乎女人一踏入职场，就应该把性别差异一脚踢开。似乎在职场里凸显女人味，是一种懦弱的表现。但是现实却是，在职场有女人味的女士却可以更容易成功、更容易取得成就。

希拉里的外形天生比较普通，早期的容貌曾经是人们贬损的目标。大学时代的希拉里常因衣着朴素落伍而显得不合群，法兰绒衬衫、厚镜片和朴素的衣着让她成为有才无貌的典型。

在很长一段时间里，希拉里给人的印象都是外表严肃、个性张扬、拒绝时尚。然而，随着丈夫克林顿在政坛大施拳脚、夫妇二人逐渐成为公众人物，希拉里的穿着打扮越来越上路了。渐渐地，希拉里一改律师时代锋芒毕露的呆板形象，改换了发型和发色，隐形眼镜替换了厚厚的眼镜，穿上了得体的套装。

在一次有关竞选纽约州参议员的脱口秀节目中，希拉里特意请人为自己做了个新发型。她不仅把头发剪短了，而且染成了金色，这样既能增加她的肤色亮度，使她看起来更有神采，还能使她的圆脸看起来清瘦一些。另外，金发还能够起到一定的伪装作用，可以遮掩因年龄增长带来的灰白发迹。

如今，希拉里终于找到了适合自己的风格：一头精炼的短发，一身柔和的职业套装。尽管她每次穿着的套装款式几乎没什么变化，只是颜色有些不同而已，但当初那老气横秋的形象已经

荡然无存。

女人并不是天生感性的动物，她们完全可以像男人一样理智。一个能恰到好处展示自己威严的女人，会让人觉得既亲近又不可侵犯。她们善于在众人面前喜怒不形于色，摆出能驾驭所有人的气概。这样的女人既有女人的独特魅力，又有男人游走于职场的气概，事业成功近在眼前。

## 成为老板"舍不下"的员工

女人，相对于男人而言，在职场中本就处于弱势。然而，随着社会的发展，职场又对人们提出了更高要求，它要求每一名职场员工，都必须具备良好的道德、忠诚度、专业技能……即，必须在综合素质方面表现突出。倘若你无法做到，很遗憾，你的职业发展必然会遭遇桎梏，你永远也不会得到成功！

我们当然不能轻易输给男人，不能被他们轻易看扁。可问题是，我们要怎样才能在男强女弱的职场上脱颖而出呢？其实不难，只要你能够承担起自己的职责，在工作中积极进取，恪守职业道德，你就会成为一名不可替代的人才，就会令老板割舍不下，你的价值、薪金、职位、团队影响力等等，都会随之得到大幅提升。如此一来，你必然能够更快捷地实现自己的人生目标。

　　微软总裁比尔·盖茨的第一任女秘书是一位年轻貌美的女大学生，她除本职工作以外，对任何事都漠不关心。其实在盖茨心里，自己的女秘书应该是一位能够将后勤工作事无巨细全部揽下的"总管"，因为他有太多重要的工作需要处理，实在不能再分心。于是，盖茨找来总经理伍德，要求他立即解聘现任秘书，并尽快为自己找到一位新"总管"。

　　伍德领命后，便开始了招聘工作。几日后，他在办公室一连向比尔·盖茨递交了几份应聘资料。盖茨看后摇头不语——他需要的不是"花瓶"，而是一位成熟干练、稳重心细的女秘书。

　　"难道就没有更合适的人选吗?"盖茨明显有些失望。见状，伍德很犹豫地递上一份资料，口中说道："她曾从事过文秘、财会、行政文员等后勤工作，只是年纪大了一些，而且已是 4 个孩子的母亲，恐怕会有家庭拖累……"

　　盖茨迅速扫了一眼资料，打断伍德的话："只要她能胜任工作，又不会厌烦琐碎的杂事就没问题。"

　　这位女士名叫露宝，当时已四十有二，应聘时对于自己并无信心可言。但这家公司有点怪异——别人招聘秘书都要求年轻靓丽、身材骄人，可他们却偏偏录用了一个"半老徐娘"。上任之初，丈夫曾在她耳边叮嘱："一定要留意公司月底能否发得出工资。"露宝对此未作理会，在她看来，一个年仅 21 岁的董事长在创业之初一定会遭遇诸多困难，她准备以一个成熟女性特有的细腻周到去完成自己应尽的责任与义务。

　　比尔·盖茨的工作方法与常人大不相同，他几乎每天都要到

中午才来公司，却一直工作到午夜以后，偶尔还会在公司休息。因此，董事长在办公室的生活，也就成了露宝的重点工作内容，这使得盖茨受到一种来自母亲的温暖，同时也减轻了他对遥远家庭的思念。

此外，露宝在工作上也是盖茨的得力助手。盖茨是位谈判高手，但由于年龄太轻，难免在第一次会见顾客时遭到质疑，他们弄不清眼前这位小个子男孩究竟是不是微软公司董事长。于是，常有电话打到公司进行询问，这时露宝会亲切地回答他们："请您注意留意，他看上去只有十六七岁，满头金发，戴着一副眼镜。如果你眼前的人就是这种形象，那就是我们董事长。所谓'人不可貌相'、'自古英雄出少年'嘛……"一番话语很快消除了对方的疑虑，为盖茨减轻了不少阻力。

盖茨是位工作狂人，因为微软距机场仅有几分钟路程，为了尽量满负荷工作，他总是在时间即将到达时才匆匆起程。这样，偶尔难免要强行超车或是闯红灯，为此露宝担心不已，她屡次请求盖茨预留十几分钟去机场，而且一直加以监督。

在露宝眼里，公司就是一个大家庭，她对每一名员工、每一项工作，都怀着深深的感情。她负担起了公司大部分后勤工作，诸如发薪、接订单、记账、采购，等等。

潜移默化之中，露宝俨然成了微软的灵魂，为公司创造了巨大凝聚力，包括盖茨在内的所有员工，都对露宝产生了极强的依赖心理。在微软决定迁往西雅图以后，露宝因丈夫的事业不能同走，盖茨只得恋恋不地的与她挥手告别。

3年后，时值1980年冬夜，西雅图浓雾连绵。此时，盖茨坐在办公室中满脸愁容——他太需要一名得力助手了。就在这时，一个"宛如天籁"般的声音响起——"我回来了!"是露宝！她说服丈夫将事业迁到这里，而后一个人先行来到西雅图，因为他一直无法忘记与盖茨相处的时光。

露宝曾对朋友说："一旦你与盖茨共事，就很难再离开他，他精力充沛、平易近人，这会让你工作得很开心。"

很明显，露宝用自己的行动赢得了盖茨的尊重与信赖，成为最令盖茨"割舍不下"的助手，亦成为了微软公司不可替代的一道风景线。

谁说女子不如男？女人绝不是职场上的弱者，其实，只要我们用心，就一定能让男人们对我们高看一眼。

## 机会青睐有准备的人

升职是每个职场中人的渴望与梦想，因为升职就意味着加薪、地位的提高、个人价值的实现……尤其是随着年龄的增长，那些行走职场的女人对升职的渴望会愈加强烈。

然而，机会只垂青有准备的人，不要只是等待升职的机会，聪明的女人应该懂得发现机会、捕捉机会，必要时更应主动创造机会，才能实现"升升不息"的梦想，才能从此一览众山小。

所以，你应该这样做：

一、主动寻找机会。职业女性的事业是否成功，人生是否壮丽，在很大程度上要看她能不能赢得和充分利用一次又一次的机会。谁都无法预知机会来自何方，以什么形式出现。有的时候机会从"前门"进来了，有的时候机会从"后窗"进来了，有时机会以本来面目出现了，有时却又打扮成挫折的样子。你必须慧眼识珠，寻找每个机会。

1. 要有广阔的视野，不要把眼光局限在某一狭小的范围内。

2. 善于分析，机会往往打扮成问题的面目出现。例如，对某一重要问题的解决本身就为你的升职提供了机会。

3. 不能仅仅看到目前的问题，还应该发现随问题而来的机会。

二、学会创造机会。愚蠢的人丧失机会，软弱的人等待机会，聪明的人把握机会，强大的人创造机会。在可能的情况下，你应该通过自身的努力，创造有利于你升职的机会。

1. 抓住亲近机会。有些人对上司十分畏惧，以至于跟上司有沟通的心理障碍。畏惧权威的结果，使得上司只好独来独往。其实，在大多数情况下，他都不愿意扮演这样的角色。上司们也是血肉之躯，不希望别人拿他当外星人。所以，你应该主动抓住与上司相遇的机会，比如电梯、餐厅、走廊等，轻松面对，大胆沟通。上司因此也会对你刮目相看，在上司眼中你自然也会比其他躲得远远的人亲近许多。

2. 主动推销自己。千万不要以为，你的上司会很主动注意你的需求，会主动为你规划升迁之路。其实，公司中人数众多，上司很难了解和顾及每个人的需求。当有某个职位空缺时，上司往往凭个人的推测，来决定提升谁。这时候，可能被选中的人根本不喜欢做，而很渴望的人却不被注意。因此，你平日最好在上司面前有意无意地提及自己的兴趣和专长，这样对上司和自己均有利。一旦有职位空缺，你也可以"主动"向上司推销自己。

3. 精彩"秀"自己。公司里通常有这样三类人：第一类，只肯做不愿说；第二类，不肯做只会说；第三类，既肯做又能说。有了数年的职场阅历，哪一类最得上司欢心，没有人不清楚吧？那为什么还要固执地等待上司放下身段，来殷殷垂询你的精辟见解或者光辉业绩呢？要知道，身处人才济济的公司里，仅有踏实苦干还是远远不够的，该"秀"的时候一定不要客气，而且要"秀"得精彩。

4. 挺身脱颖而出。哪家大公司不是名校毕业生一大把，要成为真正出类拔萃的一个，不是三五年就出得了头的。要尽快脱颖而出，当然得另辟蹊径展示你的与众不同。比如，在大多数人都无所适从的时候，你能够挺身而出为上司排忧解难，化险为夷，这样必然能赢得上司欢心，也较能在同事中被突显出来。要做到这点其实并不困难，只需处处留心、时时在意即可。

三、努力争取机会。你若想升职，绝不能一味等待伯乐的上门，而应该争取施展才华的机会。就算伯乐上门相才来了，也要将才华表现出来作为依据，才能被伯乐看中。

1. 到升职机会多的单位或者部门。在公司部门的选择上，要

选择提拔机会多的部门。比如，宣传部门、科技部门、组织人事部门和经济部门。只要选择了这样的单位或者部门，就找到了升职的良机。而且，上司叫你到地区任职的时候，你最好到人口多、地域广、经济位置重要的地区任职，这样你在竞争中就会成功。

2. 选准上司。选准上司对你获得升职是非常重要的条件。事实上，上司是不能由你选择的，可是，你能够创造条件去接近比较理想的上司。

有几种类型的上司可以供你选择：

第一种是年轻有为、在前程上被众人看好的上司。跟着这种上司干，除了受累以外可能你什么都得不到，可是，一旦上司被提升了，就会为你空出职位，留下升职的良机。

第二种是资历深的上司。上司的权威性和人际关系能够保证你顺利地开展工作，在物质利益方面也会给你带来好处。你还可以从他们那里学到许多宝贵的东西，从而为升职做准备。

第三种是无所作为的上司。他们无视名利，对下属的要求不严。你跟着他们干，好处是不会受累，没有压力。

第四种是道德品质和业务水平糟糕的上司。假如你是一个愿意冒险的人，不妨选择这样的上司，只要时机成熟，马上取而代之。

3. 做好上司最关心的工作。上司最关心的是关系到全局利益的工作任务。你若能以敏锐的观察力，找到一个时期内上司关心的工作，用你的最大能力把上司最关心的工作做好，那么，不管在业绩上还是与上司的关系上，都能取得事半功倍的效果。

岁月在一天天地流逝，年龄在一点点地增长。岁月不饶人，女人只有懂得并务必捕捉升职的机遇，才能避免上演"长江后浪推前浪，前浪死在沙滩上"的悲剧，才能在一览众山小，也算作为送给自己成熟的礼物，让成熟的喜悦冲淡岁月的困惑。

## 女性职场"必杀技"

"我能坐稳现在的位子吗？"每个职场中人都在这样问自己。对女人来说，想要在公司中站稳脚跟，保住辛苦得来的一切，就要在平时不断自我修炼，提高自己的"含金量"，这样才能使自己稳如泰山。

那么，职场女人应该从哪些方面修炼自己呢？

一、对上司多进言、多听从。对于积极进取、言听计从的员工，任何一个老板都难以"忍痛割爱"。如果你自问工作并不那么积极，担心被老板划入"无用"之列，则听听香港人力资源协会发言人的指导："即使平日惯于偷懒，在表现评估前一两个月都要扮积极，向老板汇报自己的进修情况，谈谈帮助公司发展的计划，与公司的重要人物拉拉关系，希望在讨论裁员之时，请他们帮你说上几句话。立体声总比单声道好嘛！"不要浪费时间去猜测老板的心思，你一辈子也猜不透的。多数老板喜欢以自己为中心，最喜欢听自己讲话，你只不时地用"好的"、"是"等音节来回应他，就可以令老板相信你。

二、做工作多面手。有些专业人士,自以为学历高,拿着洋文凭,就能身价百倍,一生不愁衣食,一旦被裁,就像突然掉进汪洋大海,捞不到一根救命稻草。这些专业人士之所以被裁,原因往往是她们只"专"于某一方面,未能成为公司工作的多面手。因此,老板在裁员之后,往往叫其他职工兼任离职人员的工作,如果你是多面手,上天能飞,入水能潜,老板绝对不会炒你的鱿鱼。职业咨询专家认为,对公司最有价值的"多面手"型的员工,如果想"立于不炒之地",就必须学习、学习、再学习。当会计的不妨学学行政管理,最好还懂法律,令自己成为多面手,如果自以为是专业人士,抱残守缺,不思进取,老板随时可以用一半的价钱雇用同等的"专业"人士顶替你的工作。"多面手"最大的特点是学习能力强。你应确保你的知识和技能是最新的,这需要你在百忙之余,经常学习新的知识,如果你所在的单位提供某种培训,一定得参加。

三、紧跟公司发展。如果你是搞销售的,就应考虑成为核心销售人员。如果手上掌握有不同领域和重量级客户名单,这将使你非常不容易因为公司业务收缩而被裁掉。即使你所服务的公司倒闭,在重新就业时,你也可以很容易找到新的发挥你销售专长的工作岗位。道理很浅显,在经济整体环境不景气的情况下,销售的重要性越发显得突出。如果你是技术人员,就应紧跟企业发展,提高业务能力。如果你所在的企业宣布进军电子商务,你要非常清楚这些将对你产生何种影响,现在 IT 业的裁员经常是一个部门因为业务调整而被整个端掉。要想坐稳你现在的位置,就必须未雨绸缪，事先察觉公司的战略变化，提高业务能力，使自己能够承担除现在本职工作以外的其他工作。

四、让自己做最"有用"的人。公司要减员，老板考虑的大前提是：用最少的人力维持正常运转。所以，很多公司会将简单、重复性的工作岗位裁掉，由其他职工兼管。作为一名职场女性，你若想端稳自己的饭碗，就必须拥有某一核心能力、核心技能，它甚至可以抵消你的某些缺陷，为你在职场上赢得一个稳定、长久的立足之地和发展空间。即便爆发金融危机，也不会影响到你。

以上种种修炼都是为了达到这样一个目的：找到自己存在的理由，让自己工作得更加扬眉吐气，那么，你是一个在公司中必不可少的女人还是可有可无的女人呢？问问你自己！

## 跳槽有风险，选择需谨慎

由于市场格局高速的转变，跳槽不但有许多可行之处，也会给职业女性们带来更多的机遇。但跳槽前一定要做到不盲目、不逃避，以一个理性而成熟的心态来做决定。

职业女性在面临择业困惑不久，又迎来了跳槽的诱惑。许多年轻女性在刚毕业的一年内，就连续换了几份工作。她们涉世未深，社会经验也不丰富，却敢贸然地频繁跳槽，刚刚在一个位子上坐稳，就又蠢蠢欲动，寻找下一个目标了，究其原因，有高薪

诱惑，也有自傲的心理。有一些职业女性，她们在跳槽时并没有什么明确的职业方向，只是由于在原有单位受到了挫折，便盲目地想逃离，从而导致了跳槽现象的不断发生。

如果职业女性自身没有一定的信念和持之以恒的精神，不能直面工作中的困难，只是因为逃避而跳槽，那么也许你在这份工作中遇到的困难，换成下一份工作，仍会继续困扰你，最终对你的个人成长和职业发展都不利。

李月大学毕业后，在一个大都市找了份和自己专业对口的文员工作。可不久她发现，自己的部门女主管心机很深，对她百般挑剔，似乎自己怎么做都不对。李月觉得自己继续工作下去也不会得到重用，于是决定辞职。后来，她决定去另一个更具有挑战性的城市发展，并筹划着自己的现在和未来。

有了一些积蓄的时候，李月觉得新单位同事的整体素质低，互相倾轧，缺乏团队精神，于是又开始找寻自己喜欢的工作。终于找到一家中意的公司，正准备踏踏实实大干一场的时候，却又碰到了不"中意"的领导，那种复杂的人际关系让她喘不过气来。在"严重缺氧"的情况下，她厌倦了那种整天勾心斗角的工作，于是又开始逃离。

李月的跳槽现象，和她人际协调能力差是分不开的。可以看到她的职业方向感很弱，虽然她有着很强的职业动力，但是一有不顺，她便想逃离现状，寻找更好的目标。这样任意的逃避，只会让她越来越迷茫。或许几年后，她还在为不适合自己的工作而苦恼。

有的时候，在你全身投入到一个工作中时，经过努力却还是发现这个工作其实并不适合自己，每天都会发现很多让自己烦恼的问题。这时，你必须耐着性子去培养与工作、同事的默契，与人多沟通以寻找解决问题的技巧。

职业女性在社会中行走，人际关系是个很大的问题。很多时候，如果职业本身符合自身的性格定位，那么就要努力去适应公司的文化，人际交往不可能以自身的意志为转移，如今在某人身上遇到的障碍，换成下一份工作，又会在另一些人身上出现，同样的问题会不停地困扰你，女性只有不断优化自己的性格去适应复杂的社会环境，才能改善职业生涯中面临的这种窘境。

女性的职场跳槽现象说明：女性职业动力强，永远不满足于既有的生存状态；职业女性追求高，对自己有高要求，不断地去补充能量，追求完美的工作环境；女性的职业方向感弱，她们不断地飘荡，却始终无法找到适合自己发展的平台和相对稳定的生活；女性又耐不住寂寞，每一个人刚入职时都有一个相对寂寞的时期，面对复杂的人际关系和重复而繁重的工作时，年轻的女性往往开始退缩，试图通过环境来改变自己面临的难题。

冉冉是一个集团公司的财务总监，她的工作已经驾轻就熟，但在集团的一次组织结构调整后，几位熟识的同事，纷纷因不同的原因离开了公司，对她有很大触动。她开始萌生退意，很快她找到了一家猎头公司，说明了自己的意愿，不久她在新的公司上班了。

临走时，公司的人力资源部极力挽留，可冉冉去意已决。但是到新公司上任不久冉冉就发现各方面还不如原来的公司，待她再和原公司联系试图回去时却遭到了拒绝。

其实，跳槽就像鲤鱼跳龙门，也许你的一跳，能够得到更加鲜活的水源，给你更多发展的空间，使你茁壮成长，你的职业价值会进一步升值；也可能你的一跃，使你陷入了很尴尬的境地，你忽然发现你只是在逃离原来公司的某些人事纷争，而真正适合你的还是你原有的那份工作，那个时候的你后悔晚矣。

每个职场女性都有不同的职业规划，有的想去外企希望做白领，有的想找个较为安稳的工作，这里面包含了对自己专业、个性、兴趣、发展方向的考量。找一份工作就像找伴侣一样，最好的不一定最适合你。就像薪水高又有发展空间的知名公司，确实光鲜亮丽，吸引无数人的眼球，如果身处其中没有快乐的感觉，那也是没有什么意义的。找一份适合自己性格的工作才是最重要的。然后坚定目标一直走下去，投入很好的耐心去迎接工作中出现的难题。遇到困难就选择逃离只能使你的职业生涯显得凌乱不堪，经常跳槽还会让人形成惰性心理，在工作中一有不顺就想开溜，最后难以逃脱被社会和工作所淘汰的结局。

女性朋友们在跳槽前一定要经过慎重思考，问自己这样几个问题：跳槽的原因是和自己的职业发展方向有关，还是单纯因为不适应原有工作的环境，如果是后者，需要慎重考虑；职业女性还要问自己，新的工作什么最吸引你，是高薪、知名公司的荣誉感，还是只图一时新鲜，它和自己的性格、兴趣有联系吗？假若你认真思索后仍觉得这份工作符合你自我挑战的个性，能使你的职业发展迈向一个新台阶，那么你的决定才是真正具有意义的选择。请记住：跳槽有风险，选择需谨慎！

# 第七章

# 从容社交，建立和谐人脉

毫无疑问，这是一个由人脉主导的时代，正如成功学大师卡耐基所说的那样："专业知识在一个人成功中的作用只占15%，而其余的85%则取决于人际关系。"女人，若想在生活和事业上取得成功，就绝不能去做孤胆英雄。是的，你需要拿起手中的针线，编织起一张和谐完善的人际关系网。

# 女人，不与孤独为伴

　　这个世界上，男男女女或多或少都会有一些孤独感，只不过女人的感觉更敏锐，她们对孤独的感受也就更深刻一些。孤独是一种"毒品"，一旦沉溺其中后果将不堪设想，它会让你丧失进取心，无法与人顺利交往，因此你一定要超越孤独、驾驭孤独。

　　孤独与寂寞不同，寂寞会在一群人的喧闹中消失得无影无踪，但孤独却赶不走，因为它是在你的心灵深处。

　　尤其是对于那些事业有成的女性而言，这种孤独感愈发强烈。事业的成功改变了她们的地位，也拉开了她们与丈夫、亲友的距离，她们常常会有"高处不胜寒"的孤独感；当然，事业不成功的女人也孤独，她们即使拥有幸福的家庭，也常常会觉得自己是有缺憾的，看着顶着"女强人"光环的同龄人们，心里的孤独感也就更加强烈。

　　孤独是人生的一种痛苦，尤其是内心的孤寂更为可怕。一些孤独的女人们远离人群，将自己内心紧闭，过着一种自怜自艾的生活，甚至有些人因此而导致性格扭曲，精神异常。

　　有一个女人，两年前丈夫不幸去世，她悲痛欲绝，自那以后，她便陷入了一种孤独与痛苦之中。"我该做些什么呢？"在丈夫离开她近一个月后的一天,她向医生求助,"我将住到何处?我还有幸福的日子吗?"

医生说:"你的焦虑是因为自己身处不幸的遭遇之中,三十多岁便失去了自己生活的伴侣,自然令人悲痛异常。但时间一久,这些伤痛和忧虑便会慢慢减缓消失,你也会开始新的生活——走出痛苦的阴影,建立起自己新的幸福。"

"不!"她绝望地说道,"我不相信自己还会有什么幸福的日子。我已不再年轻,身边还有一个11岁的孩子。我还有什么地方可去呢?"她显然是得了严重的自怜症,而且不知道如何治疗这种疾病,好几年过去了,她的心情一直都没有好转。

其实,她并不需要特别引起别人的同情或怜悯。她需要的是重新建立自己的新生活,结交新的朋友,培养新的兴趣。而沉溺在旧的回忆里只能使自己不断地沉沦下去。

许多女性总是让创伤久久地留在自己的心头,这样她的心里怎么也难以明亮起来。实际上,只要自己能放下过去的包袱,同样可以找到新的爱情和友谊。爱情、友谊或快乐的时光,都不是一纸契约所能规定的。让我们面对现实,无论发生什么情况,你都有权利再快乐地活下去。但是,她们必须了解:幸福并不是靠别人施舍,而是要自己去赢取别人对你的需求和喜爱。

玛丽的丈夫因脑瘤去世后,她变得郁郁寡欢,脾气暴躁,以后的几年,她的脸一直紧绷绷的。

一天,玛丽在小镇拥挤的路上开车,忽然发现一幢房子周围竖起一道新的栅栏。那房子已有一百多年的历史,颜色变白,有

很大的门廊，过去一直隐藏在路后面。如今马路扩展，街口竖起了红绿灯，小镇已颇有些城市的味道，只是这座漂亮房子前的大院已被蚕食得所剩无几了。

可泥地总是打扫得干干净净，上面绽开着鲜艳的花朵。一个系着围裙、身材瘦小的女人，经常会在那里，侍弄鲜花，修剪草坪。

玛丽每次经过那房子，总要看看迅速竖立起来的栅栏。一位年老的木匠还搭建了一个玫瑰花阁架和一个凉亭，并漆成雪白色，与房子很相称。

一天她在路边停下车，长久地凝视着栅栏。木匠高超的手艺令她惊叹不已。她实在不忍离去，索性熄了火，走上前去，抚摸栅栏。它们还散发着油漆味。里面的那个女人正试图开动一台割草机。

"喂！"玛丽一边喊，一边挥着手。

"嘿，亲爱的。"里面那个女人站起身，在围裙上擦了擦手。

"我在看你的栅栏。真是太美了。"

那位陌生的女子微笑道："来门廊上坐一会吧，我告诉你栅栏的故事。"

她们走上后门台阶，当栅栏门打开的那一刻，玛丽欣喜万分，她终于来到这美丽房子的门廊，喝着冰茶，周围是不同寻常又赏心悦目的栅栏。"这栅栏其实不是为我设的，"那妇人直率地说道，"我独自一人生活，可有许多人来这里，他们喜欢看到真正漂亮的东西，有些人见到这栅栏后便向我挥手，几个像你这样的人甚至走进来，坐在门廊上跟我聊天。"

"可面前这条路加宽后，这儿发生了那么多变化，你难道不介意？"

"变化是生活中的一部分，也是铸造个性的因素，亲爱的。当你不喜欢的事情发生后，你面临两个选择：要么痛苦愤怒，要么振奋前进。"当玛丽起身离开时，那位女子说："任何时候都欢迎你来做客，请别把栅栏门关上，这样看上去很友善。"

玛丽把门半掩住，然后启动车子。内心深处有种新的感受，但是没法用语言表达，只是感到，在她那颗愤怒之心的四周，一道坚硬的围墙轰然倒塌，取而代之的是整洁雪白的栅栏。她也打算把自家的栅栏门开着，对任何准备走近她的人表示出友善和欢迎。

没有人会为你设限，人生真正的劲敌，其实是你自己。别人不会对你们封锁沟通的桥梁，可是，如果你自我封闭，又如何能得到别人的友爱和关怀。走出自己的狭小的空间，敞开你的心门，用真心去面对身边的每一个人，收获友情的同时，你眼中的世界会更加美好。

所以说，一个孤独的女性，若想克服孤寂，就必须远离自怜的阴影，勇敢走入充满光亮的人群里。我们要去认识人，去结交新的朋友。无论到什么地方，都要兴高采烈，把自己的欢乐尽量与别人分享。

女人如果不想深陷孤独，那么就要学着主动敞开心扉，多与人交流、沟通，多找一些事情来做，让自己有所寄托，这样做会使孤独离你而去，心灵也就更加丰盈、更加悠然。

## 解开"小我"情结

生活中，时常见到一些斤斤计较的女人，她们即便是在市场买菜，也会因为一角钱互不相让，讨价还价个没完。婆媳之间你吃亏、我占便宜，日子似乎都在这些毫无意义的琐事上你争我嚷地消磨下去，永远都在争长短，又永远都争不出长短。

其实，女人不但要走出生活中的"小我"，还要走出心灵中的"小我"。一些天性敏感的女人，时时徘徊在敏感的漩涡里。今天领导的一个神色不对，明天老公的一句失语，都会使她们不停地探究下去，纠缠在心灵之网中，仿佛受到了极大的伤害，总之，无论发生了何事，都会在她们心里无限扩大，从而引起心灵的强烈震动，并以各种发泄渠道表现出来。

女人心灵中的这种"小我"心理是如何形成的呢？

有人说："'小我'的灵魂必然使自己死掉。"许多人的内心深处都有一个紧缩着的"小我"，无论有任何异动，"小我"都能首先做出反应，并以自我保护为出发点产生阻抗心理，心理反应严重的还会将其泛化，表现为性情孤僻、自我贬值，有的则喜怒无常，行为夸张。

其实那个紧缩的"小我"不过是人们心灵深处的无常而短暂

的感觉罢了，并不是一个真实的、坚固的实体，如果女人们明白了"小我"竟然是这么的"空无"，就会停止认同它、护卫它、担忧它。如此一来，女人们就摆脱了长久以来的痛苦和不快乐。

人的情绪不是由于某一件事情直接引起的，而是因为经受了这一事件的人对事件的不正确的认识和评价，形成了某种信念，在这种信念的支配下，导致了负面情绪的出现。与魔鬼搏斗的人，应当留心这个过程中自己不要变成魔鬼；当你长久注视情绪的深渊时，深渊也正在注视着你。有人说，对一点小事就做出强烈的反应是说明内心深处受到过极大的伤害，所言尤是。由于经历中的一些事件对自我造成过很大的伤害，使自我的一部分与周围割裂从而迷失或紧缩起来，这让女人的神经时时处处紧绷着，生活变成了一场承受与抗争。

还有一种敏感心理的生成来自于女人们天然的对于真爱的向往。由于她们非常渴望被关心、关注、关爱，所以身边的异性朋友常常是一个微笑、一个眼神、一句关心、甚至只是一句很平常的话语都会引起她很大的情绪波动，以至于夜不成寐，浮想联翩。这种表现常常来自于童年时缺乏爱的经验，或者是成长中的情感创伤。所有这些经历使得她们更加强烈地需要寻找一位能够给他带来安全感的伴侣，以冲淡个人生存所带来的恐惧感。

其实真爱是令人心痛的，真爱能让人超越自我，全然脆弱、开放，因此有时真爱也能带来彻底的毁灭。事实上，我们的不安全感既然是来自于我们的内心，也就是心灵中分裂的自我在作祟，没有谁能够带给我们真正的安全感，女人如果抱着这种心理

去寻找爱情那么伤害将永无止息。其实我们每个人都有自治的能力，探索心灵深处的自我，倾听内心深处的声音，让那些被压抑着的情绪自然地流淌出来，不管是愤怒、忧伤，还是痛苦、恐惧。当你学会慢慢接受它们，使之成为你自身的一部分，某些改变就会跟着发生，此时你自身就是你极大的安全感，自身就会带给你极大的爱的自足。只有我们有足够的能力去爱自己、爱别人，我们才真正地成长与成熟起来。

在现实生活中，女人要想走出内心深处的"小我"，有以下几点可供参考。

首先，扩大自己的社交，广交异性朋友。广泛的社交范围有助于淡化女人的敏感心理，使身心更加健康地发展。同时，不同的交往类型也可以提供给我们不同的生活经验，它们能在不知不觉间修正我们自身对事物的褊狭看法，使我们变得更加开朗，不拘小节。

其次，不断求知，从书中汲取营养。书中有太多的世态炎凉、太多的人情世故，女人在阅读的时候，也就如身临其境，领悟到什么是生活中值得尊重和珍惜的东西。她们会真心地对待自己，诚意地对待别人，让生活的每一天都充满宁静。一个爱读书的女人是一所好学校，她教会人用淑雅宽仁去面对世间的一切，远离庸俗和琐屑。她们懂得，"富贵而劳瘁，不若安闲之贫困"的真正含义，所以她们不和人攀比，不和人计较，生活得单纯而安然。

最后，女人要培养博爱情怀。女人爱自己，才能原谅和接受自己的不完美;爱他人才会从对方的角度考虑事情,多一分谅解和宽容;爱这个世界,才能在自心深处充满感恩和赞美,使生命更加走向完满。

女人,走出你的"小我"情结,不要再缱绻、徘徊、忧郁下去了。用一颗宽容之心去爱这个世界,做一个身心健康的"完整"女人。

## 不做"唯我独尊"的女人

现实生活中不乏这样的女人,她们滔滔不绝而又斩钉截铁地表达自己不容辩驳的观点,她们的态度表明自己在这些事情上是不会出错的,他人只需无条件地服从就可以了。有时,她们还会绷紧面孔、颐指气使地指挥他人,好像自己就是君临天下的统治者。

女人需要认识到,这种唯我独尊的态度不但不能使自己得到什么好处,反而会使自己在交际中被孤立,难以和他人相处。

具有这种弱点的女人,往往想当然地以为这种态度是那些伟大人物或领袖们所独有的,它是充满自信的表现。然而,遗憾的是,她们错了。那些真正伟大的人物或领袖从来不说太过自信的大话,他们敢于不顾自己的身份而拿自己开玩笑。这种与多数平

凡人打成一片的态度，才是他们成功的有效助力。

爱迪生说："有许多事我以为是对的，但是实验之后，我却错了，因此无论对任何事我都没有一种很自信的判定，如果某事临时让我觉得不对，我便可以马上抛弃。"

所以女人，不要说太过自信的话，这是一条很好的交际原则。假如你能坚持这一条原则，即使将来发现你曾经说过的话有错误时，也不必收回。你应该知道：你所表达的意思或信仰，毕竟还只是你个人的意见和信仰而已，而他人也还保留着他自己的意见与信仰，并且拥有取舍的权利。做到这一点，他人自然不会盯着你的错误不放，而你也不用为自己的面子而坚持错下去，这样一来，自然就避免了陷入唯我独尊的可怕境地。

每个人都知道，你的意见所根据的基础越不稳，就越容易导致武断和自以为是。人们这种过度的肯定，无非是想遮掩对自己意见的某种疑惑。假如你能够摆脱这种想法，你就会养成"我和别人是平等的，我不应该用命令式而应该用协商式去和别人相处"的好习惯。

一位著名的心理学家曾经说过，男人和女人都不过是长大的小孩儿。

大家的生理年龄无论有多大，也不可能事事都处理得娴熟自如，大人也会犯和小孩儿同样的错误。因此，人们在有些交际场合中，无意的失误是常有的事。有时不妨"有意破坏"一下自己的形象，拿自己开个玩笑，或"揭自己的短"，或许反而能够取得别人的喜爱。同时，还可以调节一下气氛，让别人觉得你平易近人。

在日常生活中，女人如果抛弃了唯我独尊，会得到意想不到的好处。在生活中凡事逞强好胜的女人往往不受人们欢迎。那些姿态高的"女强人"们往往由于缺少女人味而让人们敬而远之，正所谓"人外有人，天外有天"，谁也不可能一直是常胜将军。自负的女人习惯沉浸于虚无的胜利幻想中，她们往往因为一次的成功就自我满足，眼前闪现的永远是早已逝去的鲜花与掌声。她们把别人给予她们的荣誉看做是理所当然的，她们不能静下心来想一想如今自己都做了些什么，都收获了什么。她们总认为曾经的成功能长久，总认为他人一直会甘拜下风。因此，她们自视清高、目中无人，更有甚者非但自己不思进取，还伺机嘲讽别人的努力，最终无法承受长期以来的心理压力，导致了心理的扭曲。

这种性格的女人往往把自己看得很重，在她们的视野内，没有可以与自己相提并论的人，她们中的很多人确实有才华、有能力，但是她们却不求进步，最终导致她们失败的命运。

恃才傲物是她们的显著特征，她们自以为是，不愿与人交流，故步自封，最后难免出现悲剧性结局。

当今时代的竞争就是性格的竞争，具有唯我独尊性格的女人即使才华满腹，如不知克服自己的性格缺点的话，也是很难成功的。聪明的女人应该记得，只有坚定地采取谦逊的态度并且愈加谦逊，我们才能搬开前进道路上由女人"自我"设置的绊脚石。

## 与异性交往坦荡有度

人们常说男女之间没有真正的友情，其实这种说法未免过于绝对和狭隘，事实上只要把握好分寸，男女之间也完全可以以纯粹的朋友心态相处。

人的性格是一种心理向性的组合。能从异性身上吸纳一点性格或心理因素，以阳补阴，或以阴补阳，阴阳互动，将得益多多。一位伦理学家说过，男人真正的力量是带一点温柔的刚毅，那么女人真正的魅力则是带一点坚强的温柔。男人和女人的合理存在，在于不同性格的搭配之中，这样，他们的性格才能更加丰富多彩，才能让人性更充满魅力。

异性交往中抛开男女之别，收敛你的美丽与多情，是让友谊永葆鲜活的明智之举。

如何把握与异性交往的"度"呢？我们有以下建议供您参考：

一、表现不要过于亲昵。过分亲昵不仅会显得太轻佻，引起对方的反感，还容易造成不必要的误会。

二、来往保持克制。与异性朋友往来，应张弛有节，不宜过分频繁地往来，这样不但不会使友情升温，而且也许适得其反，使友情变质或是丧失。尤其是异性之间，如双方都是已婚的人，或其中一方已经结婚，在这方面更应该谨慎一些。

三、摘下冷淡的面具。冷淡会伤害对方的自尊心，也会使人觉得你高傲无礼，孤芳自赏，让人体验不到来自友情的真诚。

其实，女人是需要别人去赞赏的。一个女人得到的赞赏越多，就会表现得越发自信、越发美丽、越发年轻。美丽，需要与人分享，孤芳自赏，只会让你"众叛亲离"，被寂寞紧紧包围。

四、彼此互尊互重。虽然说"时代不同了，男女都一样"，但男女毕竟有别。与异性交往，应以尊重为前提，不能过于随便，如粗俗的语言，过分的行为，或缺乏必要的礼节等，这些都是不应该的。要做到热情而不放纵，文雅而不拘谨，亲切而不鄙俗，真诚而不虚伪，亲疏得当，冷热适宜。

五、不必过分拘谨。在和异性的交往中，在尊重和适度的前提下，要该说就说，该笑就笑。拘谨其实还是缺乏沟通、缺乏信任的表现。朋友，即使是异性朋友，也应以心灵的沟通为目的。所以要真诚对待异性朋友，就不可过分拘谨，要心胸坦荡，让人愿意与你往来，并成为朋友。

六、既不饶舌，也不木讷。似是卖弄自己见多识广般地滔滔不绝讲个不停，或在争辩中强词夺理不服输，都是不讨人喜欢的；当然，也不要太沉默，总缄口不语，或只是"嗯"、"啊"地附和，哪怕面带笑容也容易使人扫兴。

与异性朋友交往应当坦坦荡荡，不要让自己或对方的另一半发生不必要的误会，两个家庭不妨在周末时相约聚餐或爬山，这样既享受了异性交往的乐趣，又不会影响你的生活。

## "从众" 而立

女人，千万不要冒失地、毫无结果地与别人去谈论你的愿望。在劝说别人做某件事之前，先停下来，问问自己，如何使他心甘情愿地做这件事呢？

不妨换个角度看问题，站在多数人的立场上。或许你就会发现，有时，昔日的我们是多么的可笑，更重要是的，由此我们能够了解别人的看法。

生活中偶尔会发生这种情形：对方或许完全错了，但他仍然不以为然。在这种情况下，我们就要养成站在多数人的立场上思考问题的习惯，不要指责他，我们应该理解他、谅解他。

有这样一个故事：一位妈妈在圣诞节带着 5 岁的女儿去买礼物。大街上回响着圣诞赞歌，橱窗里装饰着彩灯，装扮可爱的小精灵载歌载舞，商店里五光十色的玩具应有尽有。一个 5 岁的孩子将以多么兴奋的目光欣赏着绚丽的世界啊！妈妈毫不怀疑地想。然而她绝没有想到，女儿却紧拽着她的衣角，大声地哭了起来。

"怎么了？宝贝，要是总哭个没完，圣诞精灵可就不到咱们这儿来啦！"

"我，我的鞋带开了……"

妈妈不得不在人行道上蹲下来，为女儿系好鞋带。系鞋带时，妈妈无意中抬起头来："啊，怎么什么都没有？"——没有绚丽的彩灯，没有圣诞礼物，也没有装饰丰富的餐桌……

原来那些东西都太高了，孩子什么也看不见。落在她眼里的只有一双双粗大的脚和女人们低低的裙摆，在那儿互相摩擦、碰撞……真是好可怕的情景！

这是这位妈妈第一次从5岁女儿目光的高度眺望世界。她感到很震惊，立即把女儿带回了家。从此妈妈发誓，今后再也不把自己认为的"快乐"强加给自己的孩子。"站在女儿的立场上"，妈妈以自己亲身的体验认识了它。

这个世界往往就是这样，人们太过于自以为是了，太喜欢把自己的意志强加给别人了。在我们的日常交往中，会惊讶地发现某个人与自己有着截然相反的特性。谁对？谁错？谁更符合社会和他人的要求？恐怕谁也无法一时做出确切的结论。

人们在感受到真正的爱和理解前是不会向别人敞开心扉的。而一旦感受到了这些，他们会把一切都告诉我们。"如果人们不了解我们对他们有多在乎，那么，他们也就不在乎我们对他们有多了解。"设想一下这样一种情况：如果一个人连了解我们和我们倾诉的时间都不愿意花费，我们愿意听他们的话吗？

人们内心的最大渴望是被人理解。人人都想被人尊重，得到别人的承认。

如果你想改变人们的看法，而不伤害感情或引起憎恨，那么

就请试着诚实地从他人的观点来看事情。有时候，一个神奇的短句，就可以阻止争执，除去不良的感觉，创造良好意志，并能使别人注意倾听。

如果你也想拥有这样的短句，请这样开始：我一点也不怪你有这种感觉，如果我是你，毫无疑问地，我的想法也会跟你的一样。

这样的一段话，会使脾气最坏的老顽固软化下来，而且你说这话时，可以有百分之百的诚意，因为如果你真的是那个人，当然你的感觉就会完全和他一样。

在个人问题变得极为严重的时候，从多数人的观点来看事情，也可以减缓紧张。人们往往愿意站在自己的立场上思考问题，如果我们意识到这一点，并同他们站在一起，那么，人与人之间的关系就不会那么紧张了。当然，也没有必要去排斥他人的观点。立场不同，观点也会各异。

或许有一天，当你请求人把烟熄掉，或请求他买你的产品，或请他捐出 50 元，为什么不先闭上眼睛，试着从多数人的观点仔细想一想整件事呢？这要花费很多时间，但这能使你结交到更多朋友，得到更好的结果——减少摩擦和困难。

# 聪明女人不拔尖

有些女人信仰强者之美，认为做人就该多为自己着想，多多地表现自己，至于别人怎么看自己根本无需在乎。须知，这种为人处世的态度是存在很大弊端的，试想，一个不顾及别人感受的人又怎能获得别人的认可呢？

生活中，一些女士说话，从不顾及别人的态度与想法，只是一个人滔滔不绝，说个没完没了，讲到高兴之处，更是眉飞色舞，你一插嘴，立刻就会被打断。

李燕就是这样一个人，只要她一打开话匣子，就很难再止住。跟她在一起，你就要不情愿地当个听众。她甚至可以从上午讲到下午，连一句重复的话都没有，真不知道她的话都是从哪来的。每次她找人闲聊，大家都躲得远远的，因为和她在一起实在没劲。

人与人交往，重要的是双方的沟通和交流。在整个谈话过程中，若只有一个人在说，就不容易与对方产生共鸣，这样就达不到沟通和交流的效果。就是说，交谈中要给他人说话的机会，一味地唠叨不停就会使人不愿意与你交谈。

每个人对事物的看法各不相同，如果你在与他人交往的过程

中，把自己的观点强加给别人，就会引起他人的不满。其实，每个人由于生活经历不同，对事物的认识也会不尽相同，各持己见也是正常的现象。但是，当他人提出不同意见时，就断然否定，把自己的观点强加给别人，这样必定会给人留下狭隘、偏激的印象，使交谈无法进行下去，甚至不欢而散。当你与他人交谈时，应该顾及对方的感受，以宽容为怀，即使他人的观点不正确，也要坚持与对方共同探讨下去。

林悦是某大学外国语学院的学生会会长，长得高挑美丽，能言善辩，口才极佳。但她有一个缺点，凡事争强好胜，常因为一些问题的看法与别人争得面红耳赤，非得争个输赢出来才肯罢休。她总认为自己说的话有道理，别人说的话没道理。别人的看法和观点，常常被她驳得一无是处。大家讨论什么问题时，只要她在场，就会疾言厉色，一会儿反驳这个，一会儿又批评那个，好像只有她一个人是正确的，别人都不如她。如果不把死的说活，活的说成仙，就绝不会善罢甘休。就这样，她常常会把气氛弄得很紧张，最后大家只好不欢而散。

还有一些女士，十分热衷于突出自己，与他人交往时，总爱谈一些自己感到荣耀的事情，而不在意对方的感受。

晓光就是这样一个人，不论谁到她家去，椅子还没有坐热，就把她家值得炫耀的事情一件一件地向你说，说话的表情还是一副十分得意的样子。一位老同学的丈夫下岗了，经济上有点紧张，她知道了，非但没有安慰人家，反而对这位同学说"我老公每月工资6000元，我们家花也花不完"。她丈夫给她买了一件漂亮的衣服,因为很值钱,她就跑到人家那里去炫耀:"这是我丈夫在香港给我买的衣服,猜一猜多少钱? 1800 元。"说完很得意的表情,意思是:"怎么样,买不起吧。"

表现自己,虽然说是人的共同心理,但也要注意尺度与分寸。如果只是一味热衷于表现自己,轻视他人,对他人不屑一顾,这样很容易给人造成自吹自擂的不良印象。

一个人,尤其是我们女人,在与别人相处、交往的时候,要多注意别人的心理感受。只有抓住了别人的心理,才能真正赢得别人的赞赏与好感。如果你只知道表现自己,抢着出风头而不给别人表现的机会,你就会遭到别人的怨恨,使自己陷入尴尬境地。

## 委婉说话,巧妙暗示

聪明的女人不会直接去批评、责怪和抱怨他人。

在忙碌的生活中,有时我们难免会与朋友、同事、甚至是上级产生分歧或矛盾,而往往有的时候,正确的那个就是你自己。女人要学会用委婉的语言提醒别人的错误,使对方感到我们并不认为他们不聪明或无知,绝不要伤及别人的自我价值感。

面对他人的错误时,最好的办法是以有效的方法使其认识到

自己的错误。要做到这一点，就需要宽容他人——但绝不是纵容。委婉或间接地提出你的看法，对方更容易接受。

"暗示"是一种心理影响，即用一种不明显的方式向他人发出某种信号，使他人得到信息后，在不知不觉中做出反应。它委婉、含蓄、富于启发性，如果运用得当，一定能取得"润物细无声"事半功倍的效果。

罗得岛温沙克的玛姬·杰各雇佣了一群懒惰的建筑工人，他们在帮她家盖房子之后从不把周围清理干净。

最初几天，杰各太太下班回家之后，发现满院子都是锯木屑子。她没有去跟工人们抗议，因为他们工程做得很好。等工人走了之后，她和孩子们把这些碎木块捡起来，并整整齐齐地堆放在屋角。次日早晨，她把领班叫到旁边告诉他，她很高兴昨天晚上草地上这么干净，又没有冒犯到邻居。从那天起，工人们每天都把木屑捡起来堆好在一边，领班也每天都来，看看草地的状况。

当面指责别人，只会造成对方顽强地反抗；而巧妙地暗示对方注意自己的错误，则会受到爱戴。

金无足赤，人无完人，人生在世，孰能无过。生活中，我们和他人沟通是不可避免的，在这个交往的过程中，经常会发现他人身上的缺点和过错。一般说来，人都有自知之明。人们发现自己的错误后，会对过失的性质、危害、根源等进行一些反思。但是，旁观者清，当局者迷。自己的反思再深刻，总是没有旁观者看得清楚。因此，当我们发现他人的过失时，予以及时的指正和批评，是很有必要的。有人说赞美如阳光，批评如雨露，二者缺一不可，这话是十分有道理的。在沟通中，真诚的赞美是必不可少的，但中肯的批评也是必要的。

很多人认为，批评都是得罪人的事。其实不然，不是有"良药苦口，忠言逆耳"的说法吗？的确如此。但是，之所以如此，恐怕主要还是与我们批评别人的技巧与原因有莫大的关系吧。医学发展至今，很多良药已经包上糖衣，或经过蜜炙，早已不苦口了，那么，我们为什么不能研究一下批评他人的技巧，把忠言变成顺耳的呢？

批评他人的技巧，在目前来说还是鲜为人知。说到批评这个词，人们就会很容易想到损人、让人丢面子、颐指气使，等等。然而，在沟通中，假如想要让自己的人际关系保持融洽，在批评他人时绝不应有上述情况。要知道，我们批评人的真正目的并不是要把对方整垮，而是要对他有所帮助。因此，真正的批评，一定不能单刀直入，伤害对方的自尊心，而是要在维护对方自尊心的基础上，帮助他认识所犯过失的性质、危害、根源等，让对方更加正确地行事，也使自己拥有一个更加和谐的人际关系。

得当地对别人进行批评也是一门艺术。批评别人而要使其口服心服，就要讲究窍门。

北卡罗莱纳州王山市的凯塞琳·亚尔佛德是一家纺纱工厂的工业工程督导，她很会处理一些敏感的问题。

她职责的一部分，是设计及保持各种激励员工的办法和标准，以使作业员能够生产出更多的纱线，从而使她们同时能赚到更多的钱。在只生产两三种不同纱线的时候，所用的办法还很不错，但是最近公

司扩大产品项目和生产能量，以便生产 12 种以上不同种类的纱线，原来的办法便不能以作业员的工作量而给予她们合理的报酬，因此也就不能激励她们增加生产量。凯塞琳已经设计出一个新的方案，能够根据每一个作业员在任何一段时间里所生产出来的纱线的等级，给予她适当的报酬。设计出这套新方案之后，她参加了一个会议，决心要向厂里的高级职员证明这个办法是正确的。凯塞琳说他们过去用的办法是错误的，并指出他们不能给予作业员公平待遇的地方以及她为他们所准备的解决办法。但是，这却导致了严重的失败。她只是忙于为新办法辩护，而没有留下余地，让他们能够不失面子地承认老办法上的错误，于是这个建议也就胎死腹中了。

之后，凯塞琳认真思考了其中的原因，并请求召开另一次会议，而在这一次会议之中，她请其他人说出问题到底出在什么地方。然后讨论每一要点，并请他们说出最好的解决办法，在适当的时候，她以低调的建议引导他们按照自己的意思把办法提出来。等到会议结束的时候，实际上也就等于是自己的办法提出来，而他们也高兴地接受这个办法。

指出别人错误的时候要以委婉含蓄的方式，不要太直接了。含蓄委婉地指出他人的过错，必能激发起他人的羞愧之心并使之心存感激，从而使其在以后的工作中能更加兢兢业业，能积极努力地去纠正自己的过失，从而使境况大为改观。

委婉是说话时的一种修辞方法，即在讲话时不直接诉述其本意，而是用委婉的方法加以烘托或暗示，让他人通过自己的思想得出结果，从中揣摩出深刻的道理。

我们要想劝阻一件事，就要记住永远避开正面的批评与指责。如果有必要的话，我们不妨用委婉的语言方式去暗示对方。对人正面的批评与指责，会毁损了他的自重，剥夺了他人的自尊心。如果用委婉的语言提醒某人的错误，使对方知道你的用心良苦，他不但会接受你的意见，而且还会从心底里感激你。

# 办公室相处之道

传统的人际关系，总是在告诉你如何与人保持距离，警告你千万不要发展办公室友谊，并教给你在办公室内如何步步为营、巧计暗施、克敌制胜。可姐妹们，我们不妨静下心来想一想，你与他，与他们，你用每天三分之一的时间与之相处的同事，真的就应该保持一定的距离吗？

在我们的工作环境里，建立良好的人际关系，得到大家的尊重，无疑对自己的生存和发展有着极大的帮助；而且有一个愉快的工作氛围，可以使我们忘记工作的单调和疲倦，也使我们对生活能有一个美好的心态。遗憾的是，我们常常听到不少职业女性对怎样处理好办公室里的人际关系感到棘手，抱怨甚多。其实要处理好办公室的人际关系并不难，我们只需依此去做：

一、有意见最好直接向上司陈述。在工作过程中，每个人考

虑问题的角度和处理问题的方式难免有差异，上司所做出的一些决定可能让你有看法，在心里有意见，甚至变为满腔的牢骚。在这些情况下，切不可到处宣泄，否则经过几个人的传话，即使你说的是事实也会变调变味。待上司听到了，便成了让他生气和难堪的话了。如此他难免会对你产生不好的印象，如果你经常这样，那么你就是再努力工作，做出了不错的成绩，也很难得到上司的赏识。

所以，最好的方法就是在恰当的时候直接找上司，向其表达你的意见。作为上司，他感受到你的尊重和信任，对你也会多些信任，这比你处处发牢骚要好多了。

二、简单"让利"，放眼将来。有些女士与同事的关系不好，是因为过于计较自己的利益，总是去争求各种"好处"，时间长了难免惹起同事们的反感，无法得到大家的尊重，而且这种人总在有意或无意之中伤害同事，最后使自己变得孤立。而事实上，这些东西未必能带给你多少好处，反而会弄得你身心疲惫，使你失去良好的人际关系，可谓得不偿失。如果对那些细小的又不影响自己前程的好处，多一些谦让，比如单位里分东西不够时少分些，一些荣誉称号多让给即将退休的老同事，与其他人共同分享一笔奖金或是一项殊荣，等等。这种豁达的处世态度无疑会赢得人们的好感，也会增添你的人格魅力，同时会为你带来更多的"回报"，俗语说"吃小亏占大便宜"从一定程度上说明了这个道理。

三、凡事替人想几分。同事是与自己一起工作的人，与同事相处得如何，直接关系到自己的工作、事业的进步与发展。如果同事之间关系融洽、和谐，人们就会感到心情愉快，有利于工作的顺利进行，从而促进事业的发展。反之，同事关系紧张，相互拆台，经常发生摩擦，就会影响正常的工作和生活，阻碍事业的正常发展。要搞好同事关系，就要学会从其他的角度来考虑问题，善于做出适当的自我牺牲。要处处替他人着想，切忌以自我为中心。

我们在做一项工作时，经常要与人合作，在取得成绩之后，我们也要让大家共同分享功劳，切忌处处表现自己，将大家的成果占为己有。提供给他人机会，帮助其实现生活目标，对于处理好人际关系是至关重要的。

替他人着想应表现在当他人遭到困难挫折时，伸出援助之手，给予帮助。良好的人际关系往往是双向互利的，你给别人种种关心和帮助，当你自己遇到困难的时候也会得到相应回报。

四、低调处理内部矛盾。在长时间的工作过程中，与同事产生一些小矛盾是很正常的，不过在处理这些矛盾的时候要注意方法，避免让你们之间的矛盾公开激化。不要表现出盛气凌人的样子，非要和同事做个了断、分个胜负，退一步讲，就算你有理，要是你得理不饶人的话，同事也会对你敬而远之的，觉得你是个不给同事留余地、不给他人面子的人，会在心里怨恨你，使你在迈向成功的路途中多了几道坎坷。

办公室里同事之间的交往是门大学问，要注意改善与同事的人际关系。不要花太多精力在杂事上，要取长补短，弥补自己的

不足。不要自高自大，也不要天天抱怨，要承认自己的不足，适度检讨自己，并不会使人看轻你。在与同事的交流中，要谦虚、友好地对待每个人。

姐妹们，只要你能以真诚的态度注意从以上几个方面去努力实践，同时保持正义感，那么做个让人喜欢的好同事、好女人，得到一个好人缘会是一件很简单的事情，工作便也成了一件让人快乐的事情了。

## 女人，因"容"而美

一个女人如果拥有一颗包容之心，懂得发现对方的长处，并且能够扬长避短，我们的生活一定会变得更加轻松愉快和丰富多彩。

一位农夫有两只水桶，他每天就用一根扁担挑着两只水桶去河边挑水。

两只水桶的其中一只有一道裂缝，因此每次到家时这只水桶总是会漏得只剩下半桶水，而另一只桶却总是满满的。就这样，日复一日，农夫每天只能从河里担回家一桶半水，不知不觉两年过去了。

完整无缺的桶很为自己的毫无瑕疵而得意非凡，而有裂缝的桶自然为自己的缺陷和不能胜任工作而羞愧。经过了这两年的失败，一天在河边，有裂缝的桶终于鼓起勇气向主人开了口："我觉得很惭愧，因为我这边有裂缝，一路上漏水，只能担半桶水到家。"

不曾想，农夫却微笑着回答它说："你注意到了吗？在你那一侧的路边上开满了花，而另外的一侧却没有花？我从一开始就知道你是漏的，于是在你的那一侧的路旁撒下了花籽。我们每天担水回家的路上，你就给它们浇水。两年了，我经常从这路边采摘鲜花来装扮我的餐桌。如果不是因为你的所谓的缺陷，我怎么会有那么多的鲜花装扮我的家呢？"

我们每个人都有如那只有裂缝的桶，各自都具有这样或那样的不足和缺点。倘若我们能够怀着一颗包容的心勇于发现对方的长处而忽视对方的不足，我们的生活一定会变得更加轻松愉快。

我们在社会中生存，必然要置身于各种社会关系中，你将避免不了地引来各种不同的评价，从这个意义上你和多少人相识就有多少人眼中的你。即便你圆滑无比，毫无瑕疵，也总有人看你不顺眼，这就是处世的微妙。现今人与人之间关系已成为一种艺术，里面有着太多太多的学问。

其实，做到豁达，其实并不难，无非是遇事多往好处想，不去计较些许无谓小事。豁达者心胸开阔，善以待人，少有烦恼，因此倍受人们推崇。

明开国皇帝朱元璋发妻马秀英，自幼亡母，被郭子兴夫妇收为义女。后世事乱、战火起，马秀英先后追随义父、丈夫驰骋沙场，无暇顾及裹足之时，遂成了中国古代罕有的一位天足皇后。

某元宵灯节，朱元璋与刘伯温偶来兴致，下访京城灯会。行至一商铺门前，朱、刘二人见众人在猜灯谜，好不热闹，便凑上前去。其中一副有趣的图画谜面，引起了朱元璋的注意。画中是一妇人，怀抱西瓜，一双大脚颇为醒目。

朱元璋不解其意，便问刘伯温："此迷何解？"

刘伯温略作沉吟，答道："此乃淮西大脚女人。"

朱元璋仍不解，追问："淮西大脚女人是谁？"

刘伯温不敢直言，于是说道："陛下回宫后问皇后娘娘便知。"

回宫后，朱元璋迫不及待地向马皇后提及此事，马皇后讪然一笑："臣妾祖籍淮西，又是大脚，此谜底想必就是臣妾。"

朱元璋闻言大怒："乡野草民竟敢调侃一国之母！"遂下旨捉拿制灯谜者。

马皇后见状急忙劝解："元宵佳节，万民同乐，臣妾本是大脚，说说又有何妨？区区小事，何足动怒？以免惹得天下人耻笑。"

朱元璋听后，深以为是，此事遂得以作罢。

其实，纵然我们力所不及，做不了"大人物"，但我们完全可以选择做一个豁达之人，如此同样可以得到他人的肯定。

俗话说不经事则不长智，每个人都在寻求一种捷径，能使人与人之间的沟通更简单，这就需要我们善于发现每个人身上的闪光点，勇于欣赏别人，以一颗包容之心去处世。

如果两个人性格都像烈火，那一遇到摩擦或争执的时候就很容易发生爆炸，最后的结果只能是两败俱伤，这样对谁都没有好处。可如果有一方肯退一步，愿意去扮演水的角色，那么相处起来就会融洽得多了。

也许你每天都会接触一个陌生的人，记住，不管别人对他的评价如何，你千万不要戴有色眼镜去看他，你可以假设他是友善的，这样他才可能成为你的朋友。

在和别人发生口角的时候，应该根据情况主动向别人道歉、打招呼，学会发掘他人身上的闪光点并忽视他的缺点，这样心态就能放平衡，处世会更积极。

当面对讨厌的人、你无法理解的人、关系僵持的人时，你可以尝试以下几点：

一、站在对方的角度考虑问题，多想别人的优点。

二、尊重对方，关心对方，学会适当地赞美。

三、和攻击性较强的人相处，除了侮辱人格时应义正词严外，对方的话不必放在心上。

四、在关系僵持或恶化的时候，一定要主动表示友好，不要碍于面子、难为情。

五、避其锋芒，学会委婉处事。必要时可请对方到餐厅或咖啡厅小坐，将话题扩展，心结自然解开。

六、人际沟通的能力很重要，人际适应的能力更为重要，学会心随念转，怀柔处事。

人际交往是一门学问，能包容的女人不仅自身的生活是美好的，她也总能调动起身边每个人的潜能，让周围充满着人性的光

芒。她的包容之心使她具有一种征服的力量,和她在一起,每个人会更加爱自己。世界因为残缺反而更加美丽,如同漏水桶洒下的水,浇灌了一路花朵。

## 你是宽容的最大受益人

什么是宽容?当一只脚踏在紫罗兰花瓣上,它却将香味留在了那只脚上,这便是宽容!

宽容是人间的润滑剂,这世间有了宽容,就少了许多纠纷,多了一份宁静;少了许多敌对,多了一些美好。女人有了宽容,才会变得更加美丽、更加从容。

有一个家里非常富裕的漂亮女人,不论其财富、地位、能力都无人能及。但她却郁郁寡欢,连个谈心的人也没有。于是她就去请教无德禅师,如何才能赢得别人的喜欢。

无德禅师告诉她道:"你能随时随地和各种人合作,并具有和佛一样的慈悲胸怀,讲些禅话,听些禅音,做些禅事,用些禅心,那你就能成为有魅力的人。"

女士听后问道:"大师此话怎讲?"

无德禅师道:"禅话,就是说欢喜的话,说真实的话,说谦虚的话,说利人的话;禅音就是化一切声音为微妙的声音,把辱骂的声音转为慈悲的声音，把诋毁诽谤的声音转为帮助的声音；禅事就是慈善的事、合乎礼法的事；禅心就是你我一样的心、圣凡平等的心、包容一切的心、普渡众生的心。"

女士听后，一改从前的霸气，不再因为自己的财富和美丽而凡事都争强好胜了。对人总是谦恭有礼，宽容大度，不久就赢得了所有人的认同，拥有了很多知心的朋友！

宽容是一种修养，一种境界，一种美德，更是一种非凡的气度。作为女人，也许很娇贵，也许很单纯，也许很浪漫，但拥有一颗宽容之心，才是作为女人最可爱的地方。然而女人中很少有能够懂得宽容的真正含义的，更难以真正做到宽容。要知道，宽容是需要女人用时间和行动来实现的，那是一种博爱，一种看透人生的淡定。

宽容对于一个女人来说是尤为重要的。在长期的家庭生活中，它是吸引对方持续爱情的最终的力量，它不是美貌，不是浪漫，甚至也可能不是伟大的成就，而是一个人性格的明亮。这种明亮是一个人最吸引人的个性特征，而这种性格特征的底蕴在于一个女人怀有的孩童般的宽容。

即便无法避免爱情的悲剧，最终到了各奔东西的时候，宽容的女人也不会忘了说声"夜深天凉，快去多穿一件衣服"。因为一个犯了错的人，他也许正在他的内心谴责着他自己，而且，在这句话中，你不但在给自己机会，同时也在给别人机会。

丈夫在生意场上爱上了一合作伙伴，那是个腰缠万贯的独身女人，且年轻貌美，聪明能干。

妻子知晓后无法接受这一事实：大吵大闹，寻死觅活。"祥林嫂"般地见人就哭诉："都十几年的夫妻了，他居然这样。我要离婚！"

那男人看起来居然很委屈的样子，说："本来不想闹大，是她不依不饶，让我觉得没有办法在家里待下去了。"后来，丈夫坚决要离婚，理由就是妻子太小气。

妻子此时也冷静下来了，分析了一下目前自己的处境后，她对丈夫说："我给你3个月的时间，让你去和她过日子。如果你们真的难舍难分，我成全你们；如果过不下去，你还是回来，我们好好过日子。"

丈夫带着壮士一去不复返地豪迈走进了独身女人的家。两个月零七天后，丈夫回来了，说："我们好好过日子，我离不开你和女儿。"妻子微笑着接纳了丈夫……

我们先不谈论在这件事情上女人受到了多大的委屈，单看其结果，也足以说明：学会了宽容，最大的收益人是女人自己。

其实每一个深深爱着的女人，都会心甘情愿地献出自己的一切，去悉心地照料、庇护她所爱的人。男人在女人面前永远是长不大的孩子，生活中他们有着太多的不可爱，然而女人不宽容他们，他们又有何幸福可言呢？

宽容，能体现出一个女人良好的修养，高雅的风度。宽容不是妥协，不是忍让，不是迁就，宽容是仁慈的表现，超凡脱俗的象征，任何的荣誉、财富、高贵都比不上宽容。宽容别人就是宽容我们自己。

# 化解女同事的嫉妒

经常听到这样的话："嫉妒是女人的天性。"虽然这句话听起来有些偏激，但是，有一点女士们不得不承认，在竞争激烈的办公室里，女同事之间很容易因为各种事情而产生嫉妒。也许我们可以克制自己不去嫉妒别人，但是不能保证别人就不嫉妒我们。

职场中，如果你是一个非常出众的女人，那么你一定会感受到来自于身边同性的强烈嫉妒。她们嫉妒的范围很广，包括你的职位、工作能力、上司对你的赏识、你的外貌、衣着乃至你的家庭状况。虽然嫉妒并不会给你带来直接的危害，却会为你埋下失利的种子。因此，当女士们在办公室遇到同性的嫉妒时，一定不要立即还击或是置之不理，而应当巧妙地应付她们，甚至将她们变成你的朋友。

那么，我们要如何应对同性的嫉妒呢？大家可以采取以下几种方法。

一、与对方共享美丽。爱美是女人的天性，这也就使得女人天生对美就有很强烈的追求。因此，女性最容易引起同性嫉妒的地方就是外在的美貌。也许你的女性同事可以容忍你的职位比她高、薪水比她多、能力比她强，但绝对不能容忍你比她美丽，成为办公室的焦点。虽然外貌、仪表、风度在很大程度上与能否得

到更好的工作机会没什么关联，但几乎所有女性都无一例外地对比自己漂亮、着装比自己迷人的女人怀有"敌意"。

陈芳今天第一天上班，与同事们接触的时候处处都显得十分小心，因为在这之前，有人曾经告诫过她，办公室的生活是非常复杂的。为了能够给同事留下好印象，她还特意打扮了一番，化了淡淡的妆，又配上了一条漂亮的连衣裙，加上陈芳本来就天生丽质，因此显得十分漂亮出众。陈芳本以为自己一定可以很快融入到新的工作生活中，可不想单位里的女同事没有一个愿意理睬她，肯跟她接近的反而是那些男同事们。陈芳不明白，难道自己就真的那么让人讨厌吗？虽然她尽全力地和每一位女同事接触，但似乎她们都对她怀有敌意。其中有一位女同事还挖苦道："怎么？第一天上班就打扮得这么漂亮？这有什么用，我们工作是靠能力的，不要以为打扮得漂亮点就能引起老板的注意。"陈芳觉得很委屈，因为她从来没有这样想过。

事实上，虽然女性很容易对同性的美产生嫉妒，但她们更渴望得到对方的赞美。因此，女士们在面对同事对你的"美"的嫉妒的时候，不妨忍痛割爱，将自己的美"分出"一部分给对方。这样一来，一定可以获得同事的好感，从而拉近与她们的距离。

于是，陈芳第二天上班的时候，主动和其他女同事打招呼，并且将自己穿衣搭配的技巧、美容的方法等全都告诉给了她们。这一招果然有效，那些女同事一个个听得津津有味，纷纷向陈芳提出问题，并且表示希望陈芳以后能多教她们点这方面的知识。如今，陈芳已经成为了办公室中最受欢迎的人了。

二、主动示弱,浇灭对方的妒火。如果没有"美"的资本,那么在工作中,最容易惹同性嫉妒的恐怕就是你所取得的成绩了。事实上,这种嫉妒心理是男人和女人都有的。试想一下,在同一个办公室,做同样的工作,凭什么你就要比她们的薪水高?凭什么你就得到晋升的机会?

因此,你在工作上所取得的成就难免会让你的同性同事嫉妒你,特别是那些年龄比你大、入行比你早,且资历比你深的人。在她们看来,晋升机会本来就该属于她们,而你一定是通过耍什么"阴谋诡计"才得到的。

面对这种情况,女士们该如何处理呢?有些女士会非常生气,因为她知道自己是凭借努力才取得今天的成绩的。因此,她对这种嫉妒非常厌恶,决定采用沉默来回应。其实,女士们大可不必动气。

美国加州大学心理学教授卢克尔斯·庞德曾经说:"很多时候,嫉妒其实是一种很可怜的心理。拥有这种心理的人往往是因为'自己的东西'被别人抢走了,所以内心感到很失落,进而产生嫉妒。其实,应对这种嫉妒的方法很简单,那就是找一些你不如他的地方,让他把心思放在那上面。这样一来,原本失衡的心理变得平衡,就消除了嫉妒心理。"

这种示弱的做法,事实上是让你的女同事们觉得其实你也是很难的,有些地方不如她们。而且你还必须老老实实低调地做人,那么,就会让那些嫉妒者感到心理上的平衡,使她们对你产生一种同情心理,从而消除她们的嫉妒心。

三、主动让利。其实，所有的嫉妒都是在名和利的基础上产生的。很多时候，一些女士之所以会招来同性同事的嫉妒，很大程度上是因为她们对自己的利益过分看重，总是在工作中追求太多的利益。

因此，同事们就会对她们的这种做法感到很反感。再加上同事的利益也被她们剥夺或占有，因此不免产生出嫉妒来。

老实说，这些在工作上所谓的名利并不一定就会给女士们带来很多的好处，相反会招来同事们的嫉妒。由于她们嫉妒你，所以就必然疏远你、仇视你，久而久之，紧张的办公室气氛会让你觉得身心疲惫，并且失去良好的人际关系。

其实，应对这种嫉妒有一个小窍门，那就是满足对方获得名利的心理。女士们不妨从自己获得的名利中，挑选出一些，谦让地分给其他同事。其中，要特别注意的是，当你所在的部门获得了某一特殊荣誉时，千万不要将它据为己有，而是要大方地分配给每一个人。虽然荣誉没有什么实在的意义，但是可以满足所有人的心理。

女士们，当嫉妒发生在你身上时，不要慌张，只要你找到对方嫉妒你的原因，并对症下药，那么就一定可以圆满地解决。

女人的嫉妒心理往往发生在工作及社交中双方及多方之间，因此要尊重并乐于帮助他人，尤其是自己的对手。注意自己的性格修养，这样不但可以克服自己的嫉妒心理，而且可使自己免受或少受嫉妒的伤害，同时还可以与同事、朋友建立较为和谐的关系。自己在感受到生活愉悦的同时，事业也更加容易成功。

# 女人，迁就也要有个底线

一个人出门去旅行，走啊走，走的脚都起泡了。腿开始大声向主人抗议："停下来！为什么受累的只有我，你为什么不试试让手走路？""可是手本来就不是用来走路的呀！"主人为难地说，但在腿的坚持下，他只好趴在地上，用手艰难地往前走，不一会儿手就磨破了，手也朝主人发起火来，正在这时，一个骑着马的人从后面赶来，看到走路人的窘状，表示愿意把马让给路人骑，但希望路人送他一条腿。那个人本来坚决不同意，但在手和脚的劝说下，他还是割了一条腿，当然从此以后他再也不能从马上下来走路了。

一个人总要有自己的原则、自己的立场，女人更是如此，不能只一味迁就别人，一点主见也没有。这里的原则既包括办事的方法，也包括日常生活中为人、处世的立场、原则，少了哪个都会给你带来困难，并将影响你的生活。社会太复杂了，过于迁就别人的人很容易就会吃亏，多少人排队等着欺负这种老实人呢！

中国台湾著名作家三毛在美国留学时，曾与几名外国女学生同住在一个宿舍。生就具有东方女性美德的三毛，为了能够早日融入这个集体，坚持每天早起，将寝室内一切杂务统统揽到

手中。

同室的几个外国女学生散漫成性，内衣、鞋袜到处乱扔，每日起床连被褥都不整理，便草草化妆，扬长而去。日复一日，三毛俨然已经成为了她们的"女佣"。

一次，三毛身体不适，精力憔悴，便没有清扫房间。外国女学生回来以后，看到满屋凌乱，便纷纷对三毛发起了攻击。

三毛终于忍无可忍，将一些原本整齐的物件乱扔出去，口中大喊："我也是前来留学的，不是你们花钱雇来的佣人！我凭什么一定要给你们收拾房间？我做了这么多，你们领情吗？你们难到就不会自己动手整理吗？"

一群外国女学生呆住了，此后她们再没有将三毛当做"女佣"看待……

为人宽宏，助人为乐，不计得失，自是值得称赞，但凡事都要有个底线。倘若一味迁就，让美德泛滥，就会助长别人的恶习，让他们感觉你"好欺负"。所以有时，我们也需要适当放下无谓的美德。

著名漫画家蔡志忠先生讲过这样一句话："每块木头都是座佛，只要有人去掉多余的部分；每个人都是完美的，只要除掉缺点和瑕疵。"正是如此，每个人都有他自己的长处，为什么非要去迎合别人的口味呢？

没有原则的人还往往禁不住他人的诱惑，什么事情，最初还能遵循自己的原则，但经别人三言两语一劝，马上防线就崩溃了。

佳丽没别的毛病，就是天生的耳根子软，别人说什么她听什么，大家背地里都戏称她为"应声虫"。比如说中午订餐，同事问佳丽吃什么，她犹犹豫豫地想了一会儿说："吃扬州炒饭吧！"同事一听："扬州炒饭有什么好吃的，就要鱼香肉丝盖饭吧！"佳丽赶紧点头："行，行，行！"不但生活中这样，工作中也是这样，她从来也提不出什么像样的意见，什么事都听人家的，所以单位里开会时，佳丽永远是坐在角落里发呆的那一个。像她这样，又怎能得到老板的重视呢？

办事没有原则，有时就表现为一味地迁就、顺从别人。由于自己没有立场，所以很容易被他们所诱惑或利用。迁就别人，表面看来是和善之举，但实际上则是软弱的表现。软弱到一定程度，就会逐渐失去自信力，而没有自信力的人是很难成就什么大事业的。有时，性格上的自卑和懦弱，也表现为没有自己的立场和观点。自卑，就会觉得处处不如别人，怯懦则往往会导致卑微。时时看着别人的脸色行事，怎么能走自己的路呢？其实，我们做人根本无需这样。

要知道，凡事都要有个度，不能过度，否则就是没有原则。什么事情没有原则，只会带来不良后果，而不会有什么好的结局。

古代寓言书记载，谁能解开奇异的高尔丁死结，谁能注定成为亚洲王。所有试图解开这个复杂怪结的人都失败了。后来轮到了亚历山大来试一试，他想尽办法要找到这个死结的线头，结果还是一筹莫展。后来他说："我要建立我自己的解结规则。"于

是，他拔出剑来，将结劈为两半，他成了亚洲王。

这当然是传说，但这则故事告诉我们，亚历山大之所以成功地做了亚洲王，就是因为他有自己的方法，创立了自己的规则。

因此，姐妹们，我们若想主宰自己的生活、主宰自己的事业，就要在做事之前多动动脑筋，不要轻易听从他人的意见，要有自己的一套规则。这样做，有时会使你收到意想不到的效果。

不要轻易迁就别人，每个人都有自己的立场和方法，做事时应该多坚持自己的意见，不要轻易改变立场，在坚持原则的基础上，我行我素，"你有千条妙计，我有一定之规"，"走自己的路，让人家说去吧"！这样你就可以抵制那些企图诱惑你、改变你的人！

# 第八章

# 教子有方，培养未来的栋梁

父母是孩子的第一任老师，孩子的明天很大程度上就掌握在今天的父母手中。没有教育不好的孩子，只有不会教育的父母，往往是父母的教育观念和方法决定着孩子一生的命运。

教育家爱尔维修在阐释家庭教育的重要性时这样说："人刚生下来都一样，仅仅由于环境和教育的不同，有人可能成为天才，有人则变成凡夫俗子，甚至蠢材。即使再普通的孩子，只要教育方法得当，也会成为不平凡的人。"这就是在告诉我们，每个孩子都可能成为天才，良好的教育是孩子成功的必经之路。如果我们想要把孩子培养成天才，先要使自己成为天才的教育家。

## "狠心" 妈妈——让孩子吃点苦

现在的孩子大多由父母、长辈宠着、爱着，泡在糖罐里，就像温室里的花朵一样，难以经受风吹雨打，可这样的孩子也很难适应未来"优胜劣汰"的残酷竞争。因此妈妈们应该在孩子小的时候，有意识地让他们吃点苦。

很多年以前，一个1周岁左右的小男孩，被年轻的妈妈牵着小手来到公园的广场前，要上有十几个阶梯的台阶了。小男孩却挣脱开妈妈的手，他要自己爬上去。他用胖胖的小手向上爬，他的妈妈也没有抱他上去的意思。当爬上两个台阶时，他就感到台阶很高，回头瞅一眼妈妈，妈妈没有伸手去扶他的意思，只是眼睛里充满了慈爱和鼓励。小男孩又抬头向上瞅了瞅，他放弃了让妈妈抱的想法，还是手脚并用小心地向上爬。他爬得很吃力，小屁股抬得老高，小脸蛋也累得通红，那身娃娃服也被弄得都是土，小手也脏乎乎的，但他最终爬上去了。年轻的妈妈这才上前拍拍儿子身上的土，在那通红的小脸蛋上亲了一口。

这个小男孩，就是后来成为美国第16届总统的林肯。他的母亲便是南希·汉克斯。

生活中，有些妈妈们，因为自己小时候吃了不少苦，因而打定主意坚决不让孩子再吃苦，她们总是千方百计地满足孩子，保护孩子。一些孩子甚至上了高中还不会洗衣服，不会照顾自己，所有跟"吃苦"有关的事全由妈妈代劳。然而，这样做有什么好处呢？说实话，只能培养出孩子的娇气，只会令他们更依赖父母。

按照计划，在某夏令营活动中，60 名孩子要长途步行 40 公里，途中自己做饭，搭帐篷，行程是 3 天。可在第一天上午，就有 6 个孩子哭着给家里打电话，抱怨说太艰苦了，要背着很重的包走那么远的路，而一个女孩则哭着非要爸爸马上来接她。结果到终点时，60 名孩子只剩下 37 个，其余的孩子都因为吃不了苦，中途放弃了。随团的一位医生感叹地说："现在的孩子太娇了，现在连这么一点苦都吃不了，以后到社会上怎么办啊！"

这样的担心并非没有道理，可一些妈妈仍在执迷不悟地"保护"孩子，生怕孩子受罪。然而，就在许多妈妈挖空心思地满足子女的各种要求时，美国人却千方百计地对他们的孩子进行"吃苦教育"。为了让孩子了解过去困难的日子，美国一家学校给孩子们做了"忆苦饭"，结果，孩子则面对当年大人吃过的黑面包号啕大哭，拒食 3 天。校方毫不动摇，第 4 天，孩子终于咽下了这顿忆苦饭。在美国的许多孤岛或森林里，人们常常可以看见美国小学生的身影。他们在没有老师带领的情况下，面对着既无水源又无淡水的可怕的自然界，安营扎寨，寻觅野果充饥，捡拾柴草，寻找水源，自己营救自己。一位孩子参加野外训练归来后，感慨地对老师说："我以前以为供我们享受的一切现代化设施都是本来就有的，荒岛的历险才使我明白，人生来两手空空，一切

都是劳动创造的。过去老师讲劳动光荣，我们没什么感觉，如今才真正理解了这个词的含意。"

而日本的家长也说："在送给孩子幸福之前，先要送给他们苦难。"在日本的幼儿园里有一条不成文的规定：每逢冬天，孩子都要赤身裸体于风雪之中滚爬跌打一定的时间。天寒地冻，不少孩子嘴唇冻得发紫，但在一旁的家长们个个硬着心肠，没有一个上前搂住自己的孩子。他们知道，这样不仅换来孩子真正的健康，而且还能锻炼孩子面对艰苦与挫折的意志。

能吃苦中苦，方得甜上甜。一些教育学家建议家长们运用"苦磨计"教育孩子，多给孩子吃些苦，让孩子体会生存的艰辛，逐步提高孩子的心理承受能力和坚韧不拔的生存毅力。

赵女士的儿子多多6岁了，有一天赵女士带他去剧院看演出，出来的时候已经是下午四点了，多多嚷着肚子饿，要回家吃晚饭，没想到车子偏偏坏在了半路上，怎么办呢？赵女士想了一下，就对儿子说："多多，现在离咱们家只有3公里左右了，妈妈打电话叫人来把车拖走，咱们走回家去吧！"多多不高兴地说："妈妈，好饿啊！咱们打车回去吧！""不行！"赵女士一下子严肃起来，"这么点苦都吃不了吗？我像你这么大的时候还曾饿着肚子走十几里山路呢！"于是母子俩开始沿着马路往家里走，3公里的路整整走了一个小时。有人问赵女士为什么要这样做，她回答说："为了让孩子能够吃点苦。"

美国的芭贝拉·罗斯说："父母必须让孩子知道，在成长的道路上，不可能是一帆风顺的。成功往往是与艰难困苦相伴而来的。"

儿童教育学家们普遍接受的一种观点是：战胜生活中挫折和困难的勇气，是在童年时开始树立和发展的。因此为了孩子着想，父母们必须尽早对孩子进行吃苦教育，让他们自小受到艰难困苦的磨炼，有了吃苦精神孩子们才能在未来的竞争中立于不败之地。

# 睿智妈妈——在赏识中引导孩子

有很多父母信奉"棍棒底下出孝子"，因此当孩子在学习或生活方面做的不尽如人意时，他们就会抱怨，就会责骂孩子。然而这样做究竟有何益处呢？孩子会说：反正我就是没出息了，怎么做也没有用。因而自暴自弃，一蹶不振。这样的结果一定不会是我们这些做妈妈的所希望看到的，因此妈妈们应该试试赏识教育，肯定孩子的长处和点滴进步，你会发现孩子在一天天的进步，你的赞赏创造了奇迹。

罗杰·罗尔斯就是个创造奇迹的孩子。罗杰·罗尔斯读小学时是个非常调皮的孩子，就像他的同学一样。他们不与老师合作，旷课、斗殴，甚至砸烂教室的黑板。老师、校长想过很多办法来引导他们，但是仍没有用。

这一年，小学来了新的董事兼校长——皮尔·保罗。皮尔·保罗想尽办法来改变这些孩子们，他发现这些孩子都很迷信，于

是在他上课的时候就多了一项内容——给学生看手相。他试图用这个办法来鼓励学生。

轮到罗尔斯时，皮尔·保罗校长说："我一看你修长的手指就知道，将来你是纽约州的州长。"幼小的罗尔斯大吃一惊，因为长这么大，除了奶奶说过他可以成为 5 吨重小船的船长外，从来没有人相信他今后能有什么成就。而这一次，皮尔·保罗先生竟说他可以成为纽约州的州长。他记下了这句话，并且相信了它。

从那天起，"纽约州州长"就像一面旗帜，引导罗尔斯在以后的四十多年间按州长的身份要求自己。罗尔斯的衣服不再沾满泥土，说话时也不再夹杂污言秽语，罗尔斯不再逃课、不再与老师作对。他开始挺直腰杆走路……终于在 51 岁那年，他成了纽约州的州长。

在就职的记者招待会上，面对记者对他为什么能取得如此成就的提问，罗尔斯只说了一个名字：皮尔·保罗。

按照"近朱者赤，近墨者黑"的说法，罗尔斯确实创造了一个奇迹。而这个故事也再次印证了赏识教育法中的一个观点：赏识导致成功。

强者来自父母的不断赞美，作母亲的应该勇于承认差异，并鼓励孩子逐步缩小差异，不要一味抱怨孩子这不好、那不行，把本来活泼可爱的孩子变成没有理想、没有志气、庸庸碌碌过一生的人。

有这样一对父母，他们都是受过良好教育的人，他们的孩子非常聪明可爱，可就是有点贪玩不爱学习，于是这对父母就每天训斥孩子，弄得孩子信心大失。有一次，这个孩子考了一个不错的分数，他兴高采烈地把试卷拿回家去，结果爸爸说："这真是你自己做的吗?"妈妈斜着眼看他："不但学习不好，小小年纪还开始说谎了!"结果孩子垂头丧气地走了，从此以后果然没有再考过好的分数。那对父母就像是得胜的预言家，对着孩子唠叨着："早就说过你不行吧! 看你那点出息!"

这是一对多么可悲的父母。心理学家的研究表明：这类父母之所以认为自己的孩子"不是那块料"，实际上是自己没有识才的眼光与水平。自卑的父母都望子成龙，由于不懂，甚至不相信自己能育子成才，因此就用"不是那块料"的恶棒，把自己与子女都毁掉了。要知道，即使是荆山之玉，也需要识别、雕琢，否则也不会成才的。

不管你相不相信，孩子都是越夸越好，越骂越糟的。当你在责骂孩子时，你就是在向他不断施加心理暗示：你不行的，你不会成功的。试想一下，幼小的心灵怎能抵得过这样的"咒语"，在这样的情况下，孩子不变成庸才才怪。相反，如果你能常常热情地鼓励孩子，孩子就会下意识地按照父母的评价调整自己的行为，直到达到父母的期望为止。

希尔小时候曾被认定为是一个坏孩子。玻璃碎了，母牛走失了，树被莫名其妙地砍倒了，每个人都认定是他干的，甚至连父亲和哥哥都认为他是个无可救药的坏孩子。人们都认为母亲死了，没有人管教是拿破仑·希尔变坏的主要原因。既然大家都这么认为，他也就无所谓了，于是变得更加肆无忌惮。

有一天，父亲说给他们找了一个新妈妈，大家都在猜测新妈

妈会是什么样的。而希尔却打定主意，根本不把新妈妈放在眼里。陌生的女人终于走进家门，她走到每个房间，愉快地向每个人打招呼。当走到希尔面前时，希尔像枪杆一样站得笔直，双手交叉在胸前，冷漠地瞪着她，一丝欢迎的意思也没有。

"这就是拿破仑，"父亲介绍说，"全家最坏的孩子。"

令希尔永生难忘的是继母当时所说的话。她亲热地把手放在希尔肩上，看着他，眼里闪烁着光芒。"最坏的孩子?"她说，"一点也不，他是全家最聪明的孩子，我们要把他的本性诱导出来。"从此以后，拿破仑正如他的继母所说的那样，成了全家最聪明的孩子。

继母造就了拿破仑·希尔，因为她相信他是个好孩子。

这就是赏识给孩子带来良好影响的最佳例证。当然，赏识也要运用得恰如其分，无限夸大也是不妥的，赏识要有多少就说多少。

## "冷漠"妈妈——杜绝孩子的过分要求

现在的孩子多是"小皇帝"、"小公主"，享受到了前所未有的爱护和物质享受。然而孩子们的要求却越来越多，花样层出不穷，让妈妈们着实有点难以招架。妈妈们爱孩子的心情是可以理解的，可是一味顺从孩子则只会助长孩子的任性和贪欲，对孩子的健康成长没有一点好处。因此，妈妈们不要无条件接受孩子一切要求，在孩子提出不合理要求时就要态度冷淡地拒绝。

这是一位年轻母亲的教子心得：我的儿子叫小凯，今年9岁，他既聪明又漂亮，从小就受到了家人的宠爱。然而这两年，我们越来越觉得这孩子太任性了：走在街上看到什么就要什么，不给买就连哭带闹，因此我们只好一次次迁就他。半年前，我去听了一个教育专家的演讲，他的一句话对我触动很大："不讲原则地迁就孩子就是害孩子。"因此我决心要改变孩子乱要东西的坏习惯。在一个星期六下午，在儿子的要求下，我答应带他去逛街。出门前，我跟儿子约定：只看不买，否则就不去。儿子满口答应："行!"不过在我以往的经验里，带儿子逛商店，儿子的眼睛一旦瞄到玩具柜台上，不管合适不合适，只要他看中就一定要买。

到了商城，像以往一样，儿子照例要光顾一下四楼的玩具区。由于有约在先，我便放大胆子带他去了。儿子兴奋地东张西望，没一会儿，一种可以远程遥控的玩具汽车便引起了儿子的注意，他便缠着我要买，我说不买。这下可不得了了，他顿时坐在地上大哭起来，边哭边说，他最喜欢小汽车，一直想要小汽车，如果不买就回去告诉爷爷奶奶、外公外婆，只要买了他就听话，以后什么也不要……以前在这种情况下，我就给他买了，但今天我却站着不动，告诉他不能买的道理。

可他根本不理这一套，咬紧牙关一个字——买！并且越哭越凶，最后，索性赖在地上不走了。这时，服务小姐及许多顾客都围了过来："现在都是独生子女，就给孩子买一个吧。"你一言他

一语的，说得我真是尴尬极了，真想一买了之。可是一想起自己的计划，便又横下一条心：不买！我冷淡地对儿子说："你走不走？你真的不走？那我走。"我躲在楼梯口，很久才见儿子抹着眼泪跟了出来。

回到家里，我开始告诉儿子，他什么样的要求可以得到满足，什么样的非分之想会被拒绝。儿子似懂非懂地听着。

有了这第一次成功的拒绝后，我就继续进行我的计划，孩子的爸爸也和我站在一起，对孩子不合理的要求一律冷淡地拒绝。半年下来，孩子果然改变了不少，他的不合理要求、不良习惯少了，家长会上老师告诉我小凯是个懂事又独立的孩子。

这位妈妈的教育方法是非常成功的，父母对孩子提出的不合理要求，冷淡地予以拒绝，正是对孩子负责任的表现。一味地言听计从，就是溺爱孩子、害孩了。

妈妈说："豆豆，吃饭了。"

孩子说："今天吃什么？"

妈妈说："米饭、红烧鱼。"

孩子说："不，我要到街上吃肯德基。"

妈妈说："可是饭菜已经做好了，我也累了，明天再去吃，不行吗？"

孩子说："不，我今天就要吃。"

孩子又哭又闹，最后妈妈屈服了，带他到街上吃肯德基。

在这个故事中，孩子对妈妈提出了极不合理的要求，妈妈怕孩子生气竟然顺从了孩子的要求，她这样做既损害了自己的权利，又降低了孩子的心理承受能力，可以说这位母亲的做法是非常失败的。

孩子是没有自立能力的，他的需求很自然要靠父母来满足。可今天的孩子生活在现代社会，他们不仅从父母身上，也从电视上，从大街上看到这多姿多彩的繁华世界，他们的视野宽广，他们的欲望也变得强烈。而父母们常不忍心拒绝他们的要求，千方百计予以满足。可是人的欲望永无止境，小孩亦是如此，甚至更为强烈。不要说以有限的精力、财力、时间去满足孩子无休无止、花样翻新的欲望几乎是不可能的；就连对孩子的需求全部都予以满足的想法本身就是一种大错误。过于迁就孩子，等于间接促使孩子养成随心所欲、惟我独尊的不良思想，势必导致他们在日后迈入社会，进入实际学习、工作、交往中碰得头破血流，甚而误入歧途。

因此，在生活中，妈妈们千万不要迁就孩子的不合理要求。对孩子非分的需求理当不要迁就之外，对孩子正当的要求，有时基于家庭的经济条件，或者出于教育孩子的目的，也未必一定全部满足。但是，不迁就孩子必须讲究方法。在孩子情绪激动时，要试图安抚他，同时又要"冷冷"地拒绝孩子的要求，让孩子知道你坚决的态度，事后再把自己的理由坦率认真地告诉孩子，要相信孩子的认知能力，使孩子最大限度地理解自己的做法，让孩子感到父母不是不愿意满足自己的需求，而是自己的要求过分，或者家里的确有困难。促使孩子做到这一步，自幼明白道理与克己节制，心理承受一定的挫折，这对他们今后的生活道路亦是大

有裨益的。

有些妈妈当时不迁就，可是经不住孩子的纠缠，或是由于心软，过一会儿又予以满足，这是最失败的。这样出尔反尔，定会让孩子产生这样的认知：即通过死缠硬磨的手段，无论什么样的要求都可以得到满足。也有些父母不注意相互之间的通气、默契，爸爸不迁就，妈妈却迁就了。又或许父母达成一致意见，爷爷奶奶却悄悄地予以满足，当父母提出批评时，老人又说这是他自己的积蓄，背后又在孩子面前唠叨。这样不仅会造成孩子心理失衡，误以为父母不疼爱他，说得好听，说什么事情做不到，其实可以办到，只是不愿意为自己花钱、着想。

冷淡地拒绝孩子的不合理要求，是处理孩子任性问题的最佳办法。需要注意的是，在孩子平静下来后，妈妈一定要告诉他拒绝他的原因，这样的教育才是有效的。

## 原则妈妈——改掉孩子的坏脾气

"现在的孩子越来越难管了！"一位年轻的妈妈抱怨说，"稍不如意，驴脾气就上来了。打也不听、骂也不灵，哄他吧，他还更来劲！"生活中，确实有不少这样的孩子，那么对于孩子的"驴脾气"妈妈们应该怎样处理呢？

心理学家认为，孩子爱发脾气是由于家庭教育不当引起的。特别是独生子女，如果从小就事事以他为中心，吃不得一点苦，要什么给什么，那么孩子就会养成遇事爱发脾气的习惯。

吴卓宇是小学五年级学生，外表看起来有点内向，然而，脾气却异常暴躁，许多时候控制不住自己。其实，小时候的他并不是这样，不知为何，随着年龄的增长，本来尚属听话的吴卓宇却像换了一个人似的。为此，他的妈妈带着他找到了心理咨询医生。这位母亲向心理医生诉说道：

"小宇小时很可爱，很逗人喜欢。后来不知从什么时候开始，他学会发脾气。脾气一来，九头牛都拉不转。他只要想干什么或想要什么，就必须立即得到满足，否则，就哭闹、打滚、扔东西、毁物品，甚至自虐——用头撞墙，扯自己的头发。他爸火爆脾气，他一闹，他爸就打。你越打，他越犟，一点也不示弱。眼看就要出人命，我只好央求他爸息怒，把他爸拉开，然后千方百计满足儿子的要求。可我却弄了个两面不是人。他爸埋怨，儿子也不领情……"

每个妈妈都不希望自己的孩子是一个随意发脾气的孩子，可事实上发脾气是孩子成长过程中的必经之路，如果家长引导得不好，孩子就会像吴卓宇一样，养成乱发脾气的习惯，变成一个暴躁的孩子；引导得好的话，孩子的脾气就会成为每一次教育孩子成长的契机。

要解决孩子乱发脾气就要先知道孩子为什么发脾气。一是孩子的需要没有及时得到满足，这些需要，有些是物质上的，比

如，孩子想买一个玩具或者买一些零食。有时则是生理上的，比如，病了不舒服，而父母又不是十分的重视，等等。这并不是说父母必须满足孩子的一切需要。当父母的要分析孩子的需要是否合理，既不要忽视孩子的心理、生理需要，也不能让孩子的需求感变成贪婪欲。

既然孩子发脾气可能是为了获取某种满足的手段。那么，妈妈们怎样才能改掉孩子乱发脾气的习惯，或者说对孩子发脾气采取什么样的对策才是可行的呢？

专家的建议是：一是不能向孩子"俯首称臣"；二是当孩子发脾气时，适当地采取"横眉冷对"的方式；三是"以身作则"，让孩子从榜样的身上学到正确的东西。

孩子发脾气就向他屈服是最不可取的教育态度和教子方法。当孩子乱发脾气时，妈妈要保持冷静，对孩子的不合理要求绝不迁就，始终要让孩子明白，无论他怎么发脾气，父母都不会"俯首称臣"，他始终都达不到自己的目的。当孩子已经"雷霆万钧"时，不妨孤立他，父母及其亲人都不去理会他。事后，再当着孩子的面，分析一下他发脾气的原因，细心地引导、教育孩子，相信孩子会从一次错误的行为中吸取教训。

专家认为，父母在阻止孩子坏脾气发作的时候，既不要采取过于强硬的态度，也不能采取过于软弱的态度。最好是能够迅速而果断地将孩子的注意力转移到其他方面，以缓和紧张的局势。也就是说，当孩子正处于发脾气的时刻，妈妈不要一心只想到训斥孩子，因为孩子这时是听不进去的；也不要强迫孩子或者用武力威胁孩子马上停止发脾气。最简便的方法就是把他撇下不管，或把他送出门外，让他一个人去发泄，去自我克服、自我平息。这样坚持一段时间后，孩子就会渐渐改正乱发脾气的习惯，因为他知道这样做是什么也得不到的。

妈妈们请记住，在孩子乱发脾气时让他尽情哭闹，一定不妥协。但在他平静下来后，就不要再追究发生的事，而是温和地讲道理，这样孩子就会逐渐克制自己的脾气，让自己的行为向好的方向发展。

## "大胆"妈妈——让孩子去犯错

生活中，很多妈妈都担心孩子犯错误，所以对子女的一切大包大揽。其实，她们不知道，犯错误是孩子很好的学习机会，同时也是父母教育孩子的良好机会。让孩子为自己的失败、错误负责，让他们自己从中吸取教训，这对孩子的成长是非常有好处的。

我们建议妈妈在教育孩子的过程中，不妨适当运用一下受挫计，即当孩子犯下了不会造成严重后果的行为上的错误时，妈妈不要急于去纠正，而应让孩子自己承担错误造成的后果，这样孩子就能更深刻地认识到自己的错误，进而自觉改正错误。

今天被马踢是为了明天不用被人踢。一位妈妈为我们讲述了

这样一件事：有一天，我丈夫的美国朋友格林夫妇带着他们两岁的儿子卢克来家里做客。格林夫人进门后扫视了一圈，发现客厅里铺着地毯后，就放心地把小卢克一个人放到沙发上，然后到餐桌一边和我们一起包饺子，倒是我有点不放心，一会儿看一下孩子在干什么。过了一会儿，我突然发现小卢克爬到茶几旁边，抓起一个包好的生饺子就往嘴里送。我大吃一惊想赶快阻止孩子，但格林夫人却拦住了我："让他吃，这样他才会知道生饺子不能吃！"小卢克很快就皱着眉头把嘴里的生饺子吐了出来，在以后的四十分钟里，小卢克在沙发上爬上爬下，在地毯上滚来滚去，但再也没去碰过塑料板上的生饺子。

这位妈妈感慨地说，如果是我，大概会赶快跑过去拉住孩子，然后大声告诉他生饺子不能吃，再把生饺子端走，到头来孩子也没弄明白为什么他不可以吃生饺子。这就是教育方法不同造成的，人家奉行的是挫折教育，我却生怕孩子受一点挫折。

妈妈们需要明白，不让孩子承受挫折的一个害处是：孩子的心理会变得非常脆弱，无法承受一点打击、挫折。

一家知名公司要招聘10名职员，经过一段时间严格的面试和笔试，公司从三百多名应聘者中选出了10位佼佼者。

放榜这天，一个叫弗兰克的青年看见榜上没有自己的名字，悲痛欲绝，回到家中便跳河自杀，幸好医生及时抢救，弗兰克没有死成。正当弗兰克悲伤之时，从公司却传来好消息：弗兰克的成绩原是名列前茅的，只是由于电脑的错误导致了弗兰克的落选。弗兰克欣喜若狂，然而这家公司却再次拒绝了弗兰克，理由是：如此脆弱的心理，何以担当重任。

生活中，父母们往往不理解挫折教育对孩子的重要性，总是全力帮孩子避开可能遇到的各种挫折，他们不知道自己因此错过了一次又一次教育孩子的好机会，这实在是一件很可惜的事。孩子们还有很长的路要走，做父母的都希望他们能幸福健康地生活，但这并不意味着家长就要无微不至地保护孩子。让孩子经受点风雨不是坏事，这会让他们拥有强健有力的精神支柱、健康的心理，以及战胜困难的毅力与决心。这样的孩子成长起来，自然会比在父母无微不至关怀下成长起来的孩子要有能力和幸福得多，父母对他们爱的意义也表现得要深远得多。

妈妈们要记住，不要担心孩子遇到挫折，聪明的妈妈应当刻意启发孩子，给孩子一些考验，并帮他们在失败与挫折中找到新的成功方法。

## 包容妈妈——不拿孩子作比较

包容就意味着尊重，开明的妈妈懂得用包容的手段维护孩子的自尊心，给予孩子充分的自信心，能包容的妈妈才会有聪明上进的孩子。那么，要让孩子感受到你的包容、你的无条件的爱，首先要做到的就是别拿自己的孩子跟别的孩子比来比去。

丹尼尔是个内向的孩子，从小生活在祖父母身边，祖父母有他们自己的工作要做，没有多少时间注意丹尼尔，因此丹尼尔就越来越沉默了。整天一副心不在焉的样子。后来丹尼尔又回到了父母身边生活，但爸爸脾气暴躁，常常会责骂他。而更让丹尼尔难过的是，妈妈总喜欢用比较来证明他有多没用。"你简直白活了8岁，看看你的成绩，真让我为你感到难过。你看看隔壁的唐纳德，他和你念同一年级，年龄比你小2岁，可成绩却是你的3倍！"丹尼尔的学校举行游园会，邀请家长一起参加，孩子们为家长表演了一场舞台剧，唐纳德是主角，他打扮成王子站在舞台中央，而丹尼尔则扮演一位端水的仆人，而且由于紧张，丹尼尔还在舞台上摔了一跤，惹得家长们哈哈大笑。回到家以后，丹尼尔的妈妈又开始数落起儿子来："怎么搞的？你为什么要在大庭广众之下丢人！看看人家唐纳德，打扮成漂漂亮亮的王子！你呢，卑微又丢脸的仆人！你为什么就不能学学唐纳德……"在妈妈的数落声中，丹尼尔脸色惨白地缩在椅子上，心里只有一个想法：杀死唐纳德！没有他，妈妈就不会再这样责骂自己了。两天后，丹尼尔偷出了爸爸的手枪，在学校里打死了唐纳德。悲剧发生后，丹尼尔的父母悲痛得不能自已，用妈妈的话说是："我是爱孩子的呀！只是他的怯懦让我无法容忍。比较也是为了让他进步啊！"

丹尼尔的妈妈认为比较可以促进孩子进步，然而这只是她一厢情愿的想法。在丹尼尔看来，妈妈的消极比较就是对他的否定，是厌憎他的表现。如果这位母亲当初能对孩子多一点包容，不要拿孩子比来比去，那么悲剧也就不会发生了。

生活中，我们常见到父母抱怨子女说："为什么莉莉考的比你好呢？""你看看人家童童，科科一百！你为什么就不能向好孩子学学？"……

这就是父母常用的比较，他们习惯于拿他人的优点来比较自己孩子的缺点，也许他们是出于想要激励孩子的好心，但孩子脆弱的心理怎能承受如此的不被肯定，而且还是来自自己的父母。通常的结果是，比来比去，把孩子的自信心和自尊心都比没了。

有调查表明，近2/3的家长喜欢夸奖别人的孩子。这样做往往出于不同的动机，有的是为了刺激孩子，让他为自己感到羞耻；有的是为了激励自己的孩子进步；有的纯属向自己的孩子发牢骚，嫌自己的孩子不争气。无论何种情况，只要家长的比较包含着对自己孩子的贬抑，都是对孩子自尊的一种伤害。

拿别人的优点来与孩子的弱点比较，是一种消极的比较法，只能在孩子心里播下自卑的种子。家长越比较，他就越会感到自己是个"无用的人"，从而陷入"自我无价值感"的深渊，产生对什么都不感兴趣、破罐子破摔的心理。

竞争是重大压力的来源之一，它会打击人的信心，使本来已有的能力无从发挥。因此，自小便培养孩子与人相比的想法是很不健康的，结果往往是孩子变得更脆弱更经不起挫折和失败。妈妈们应注意的是培养孩子克服挫折和失败的勇气，而不是使其成为竞争的牺牲品。

## "软弱"妈妈——唤醒孩子的爱心

一位妈妈向教育专家抱怨说，她怀疑自己的女儿不爱她，生活中很多父母也都有着相同的感受，他们的孩子对他们冷漠、毫不关心，这让他们伤心极了。然而，孩子变成这样要怪谁呢？爱是人类的天性，每一个人都希望得到别人的爱，同时也应该向别人付出爱。可一些父母往往只给予孩子爱，却不懂得要求孩子回报，也不培养孩子施爱的能力，久而久之，孩子就习惯于父母关心自己，却不知道关心父母。因此，妈妈们应该学会引导孩子关心自己，其中"扮弱"就是一个不错的办法。

5岁的罗尼跟同龄的孩子一样，喜欢吃汉堡，喜欢喝碳酸饮料，喜欢各种新奇的玩具。妈妈因此也把他当成一个除了吃喝玩闹之外，其他什么都不会的小孩。不过，一次意外的机会让她彻底改变了这种想法。

那一年，罗尼家搬到了一个新的城市，罗尼也进了一所新的幼儿园。一个半月后，幼儿园要开家长会，罗尼妈妈也在被邀请之列。去幼儿园的路上，妈妈开玩笑地对罗尼说："怎么办啊？妈妈还没有完全适应这个城市，在你们幼儿园里，妈妈更是一个人都不认识，到时候你可要帮我啊！"

没想到罗尼一本正经地说："没问题，妈妈。我认识那里所有的老师和小朋友，包括每天接送小朋友的爸爸妈妈。"

妈妈看他认真的样子觉得很有趣，但她也只是笑笑，没有放在心上。

到了幼儿园，罗尼开始履行他的承诺，他尽责地陪妈妈到会议室，严肃地把妈妈介绍给园长和其他老师，又认真地向妈妈介绍了幼儿园的每一个小朋友，最后告诉妈妈小朋友们的名字以及哪位是他们的爸爸或妈妈。

接着，罗尼把妈妈带到一个沙发面前，给她端来了一杯果汁，"妈妈，你先坐在这儿别到处乱走，我去趟厕所，一会儿就回来。"

罗尼妈妈坐在沙发上，欣喜地看着突然间长大的孩子，她突然明白了一点，在孩子面前偶尔扮演弱者的角色，实际上是对孩子责任心最好的鼓励与培养。

这真是一个温馨的小故事，妈妈的一个小玩笑，让她看到了孩子懂事、负责任的一面。世上没有不爱父母的孩子，如果你希望得到孩子的关爱，那么至少先要让孩子知道你是需要他的关爱的吧！如果这个故事中的妈妈不是扮出需要帮助的样子，她的儿子又怎么会主动去照顾她呢？看来能否让孩子有关爱之心，关键还是在于家长的引导。

有一位妈妈是名教育工作者，但在教育自己孩子的问题上，却困惑不已。儿子是她的骄傲，夫妻俩一直无微不至地照顾孩子，孩子小的时候，家里经济条件不是很好，夫妻俩用省下的钱给孩子买营养品，吃鱼或排骨的时候夫妻俩就看着孩子吃够了，

自己才动筷子。他们省吃俭用给孩子买钢琴、买电脑、请家教，他们常对孩子说的一句话就是："不用担心我们，爸妈是大人，你只要生活得幸福，我们就幸福了！"后来孩子进了重点中学，成绩也很优秀，然而这孩子却有个毛病，不会关心大人。有一天，丈夫出差，这位妈妈和儿子留在家里，六点多钟时，她的胃病犯了，疼得直冒冷汗，她勉强从床头柜里摸出一瓶胃药，然后让客厅里的儿子帮她倒杯水，没想到孩子对她的呻吟声毫不理会，反而不耐烦地说："你不会自己倒呀，我还得写作业呢！"这一刻，她感到自己的心比胃还要疼。

孩子的做法多么令人痛心，然而这一切究竟该怪谁呢？很多妈妈也像这位家长一样，认为爱孩子就该是无私的、奉献一切的。其实这种想法大错特错了。苏联教育家苏霍姆林斯基说过，爱心是最宝贵的，孩子的爱心必须从小开始培养，因此引导孩子的爱心也是父母对孩子应尽的义务。

爱心是孩子心理健康的一个十分重要的内容，尤其在儿童时期，孩子的身心发育最为迅速，是最关键的时候。因此，在这个阶段呵护孩子的爱心，对塑造他们的良好性格和健康行为都具有十分重要的意义。然而现在的许多教育方法更多的是关注孩子的智力开发，却往往忽视了孩子品德的培养，甚至可以毫不夸张地说，现在许多孩子在被教育的时期是处于感情教育的荒漠之中的。爱孩子不是只要让他们吃好、睡好、学习好就可以了，还要让孩子心存爱意，关心父母和他人。

生活中，很多妈妈都会发现这一点，你小小的孩子是乐于充当你的保护者的。如果停电时,你拉住孩子的手告诉他你很害怕,那么孩子一定会故作勇敢地抱着你:"妈妈不要怕,我来保护你!"

曾经有一个很顽皮的孩子,他的父母对他的任性不懂事一直无可奈何。有一次,爸爸要出差,就告诉孩子说,"你长大了,爸爸出远门后,你要照顾这个家,妈妈很柔弱,你要像男子汉一样保护她。"结果父亲回来后惊讶地发现孩子变了个样,他为爸爸拿拖鞋、揉腿,据说在爸爸出差的日子里,他每晚睡前都要检查门窗是否锁好,还常为妈妈倒茶、帮妈妈干活。这位爸爸为儿子的转变而惊喜,同时他也认识到这样一个道理:孩子对父母的关爱之心是需要培养的,是需要家长去引导的,不能只向孩子付出爱,而不向孩子索取爱。

妈妈们要记得,要让孩子知道父母不是万能的,让孩子由被爱向施爱转化,从感激父母、牵挂父母,到想为父母做事,回爱父母,形成健康、完整的爱的循环。

## "懒惰"妈妈——放手,让孩子自己做

不要什么都为孩子做好,妈妈应当试着放开手,让孩子自主地去做,第一次也许做不好,但以后就会做得又快又好。千万不要做包办妈妈,放开手为孩子创造做事的机会和平台,孩子才能

有自立能力,父母们也会少些麻烦。

生活中,很多妈妈总喜欢给予孩子无微不至的呵护,把孩子的事情全部包办下来。这些妈妈似乎并不知道,我们教育孩子的最终目标,是要让孩子能够适应他自己未来的生活。因此,妈妈们在日常生活中应着力教导孩子学会独立,而不要大包大揽。

7岁的天天要去参加学校组织的夏令营,天天非常兴奋,在家里又跳又叫,然而妈妈却很担心,她觉得这对天天来说太难了!才7岁的孩子就要离开家,在外面和同学老师共同生活5天,孩子吃饭不习惯怎么办?孩子走不动怎么办?孩子生病了怎么办?妈妈给天天的班主任老师打了电话,再一次请她路上多照顾天天,又给天天准备了几套衣服,连帽子、手套都带上了,生怕晚上气温低冻坏孩子。除此之外,她又在天天的包里塞了一些高级营养品,叮嘱天天不要饿着自己。在天天临出门时,妈妈又告诉天天要注意安全,要这样、要那样,一副没完没了的样子,弄得天天都有些不耐烦了。天天走后,妈妈还坐在沙发上念叨着:"一个小孩子怎么照顾自己啊!"结果两天后,不放心的妈妈开着车追到夏令营去了……

天天的妈妈是个慈爱的好妈妈,但却不是一个成功的妈妈,她过多地保护、过分地呵护只会阻碍孩子的发展,让孩子无法自立自理。孩子终究要独立生活的,为了让孩子能顺利地适应他未来的生活,妈妈们有必要适当地放放手,大胆地让孩子自己去照顾自己,不要让他们永远生活在父母的羽翼之下。

训练孩子的独立能力,我们可以从一些简单的事务着手。例如，早晨起床让孩子自己穿衣、刷牙等。这些日常生活中的事务能够训练孩子自动地管理自己的行为，培养孩子的自立精神。

当然，妈妈们既要放手让孩子自己走出去，又要保证孩子能够"安全出行"。这就需要父母对孩子进行严格的训练，绝不能仅凭"三分钟热情"。比如，培养孩子一些简单的日常生活习惯，刚开始父母和孩子都会很热心地按计划实行，但时间一久，一些父母就会恢复原状，这种对孩子缺乏长久性和一贯性的培养，反而会在孩子的性格中留下很多负面影响。

举例来说，在美国，家庭教育是以培养孩子富有独立精神、能够成为一个自食其力的人为出发点的。父母从孩子小时候就让他们认识劳动的价值，让孩子自己动手修理、装配摩托车，到外边参加劳动。即使是富裕家庭的孩子，也要自谋生路。美国的学生有句口号："要花钱自己赚！"乡村家庭则要求孩子分担家里的割草、粉刷房屋、简单木工修理等活计。此外，还要外出当杂工，出卖体力，如夏天替人修整草坪，冬天帮别人铲雪，秋天帮人扫落叶等。在瑞士，父母为了不让孩子成为无能之辈，从小就着力培养孩子自食其力的精神。譬如，一个十六七岁的女孩子，初中一毕业就要去一些有教养的人家当一年左右的女佣人，上午劳动，下午上学。瑞士父母却认为大有好处，因为它一方面可以锻炼孩子的劳动能力，让孩子寻求到独立的谋生之道，另一方面还有利于学习语言。因为瑞士有讲德语的地区，也有讲法语的地区，所以一种语言地区的姑娘通常到另外一种语言地区的人家当佣人。其中也有相当多的人还要到英国学习英语，办法同样是边

当佣人边学习语言。等他们熟练掌握了三门语言后，就去公司、银行或商店就职。长期依靠父母过寄生生活的人，被认为是没有出息或可耻的。

德国父母从小就要求孩子自己的事情自己做，从不包办代替。法律甚至还规定，孩子到14岁就要在家里承担一些义务，比如要替全家人擦皮鞋、打扫房间等。这样做，不仅是为了培养孩子的劳动能力，也有利于培养孩子的社会义务感。而在日本，在孩子很小的时候，就给他们灌输一种思想："不给别人添麻烦。"并在日常生活中注意培养孩子的自理能力和自强精神。全家人外出旅行，不论多么小的孩子，都要无一例外地背一个小背包。父母说："这是他们自己的东西，应该自己来背。"

一个真正疼爱孩子的母亲应关注的是，孩子将来能否自己应付外面的世界。将一个在慈母庇护下，毫无自我生存能力的孩子推入未来的社会，是最为残忍的事情，也是爱孩子的母亲不忍看到的结局。

所以奉劝各位妈妈，但凡孩子能独立完成的事就不要替他去做，就好像要让孩子学会走路，你得先放开手一样，当然，一旦决定"放手"了，就要坚持下去，不要看到孩子做不好事情就又去插手。

# 第九章

# 宽容大度，营造美满家庭

生活中，不乏比男人更高明、更有心思的女人，但事实上，这种女人并不受男人欢迎。相信，在 100 个男人中，至少会有 90 个男人选择对这种女人敬而远之吧！

家庭生活中同样容不下太多的精明。一个女人如果太精明、太强势，家庭关系就会失衡。男人会感到压力倍增，就会感觉受到了女人的束缚。随之，他们很可能便会去寻找自己的"自由"。好吧，既然男人天性里有"大丈夫情结"，作为女人我们不妨配合一下他们，装装傻吧。只是，装傻之前你需要想清楚，究竟怎样的傻，才是可爱？

## 糊涂的女人最幸福

两个再好不过的恋人，也是两个独立的"世界"。这两个完全独立的个体，只能互相映照、互相谅解，最大可能地去异求同，而绝不可能完全重合为一。鉴于此，为使小家庭里爱情之花常开不萎，都能开开心心地去从事社会工作，就要从互相映照、互相谅解和去异求同上下工夫，这就是"方圆"维系家庭和睦的真谛所在了。

但令人烦恼的是，这两个相爱的人，却往往表现出极为强烈的不信任，总想把对方了解得一清二楚，总想让对方按照自己的意志行事，总怀疑对方对自己的忠贞。有理论家把这类现象归纳为由于"爱"而产生的恐惧症，是获得之后的最不愿意失去。对于控制对方，无论男人还是女人，都有自己的一套方式方法：尤其是女人，最容易表现出不容对方喘息的执著。

某个山区，曾流传过一种用女人自己创造的文字来写成的"女书"，里面全是只有女人才看得懂的秘密。书中有关于"蛊"药的配制方法，是妻子专门用来对付丈夫的。在丈夫出门办事时，女人会按出门时间的长短，把一定量的"蛊"药放入男人的饭菜里，待他吃下，告诉他到时候一定得回来，男人就会嗖地吓出一身冷汗，牢记时间一刻也不敢耽误地赶回来，向老婆讨足量的解药吃。如果耽搁了行程，没有如期回到老婆身边，就会弃尸他乡的。

至于特别喜欢盯梢儿，动不动就搞点儿心理测试，从你的一举一动、一言一行中找出移情别恋的毛病来，则是许多女人和男子的通病了。

中国古代有一个很"美丽"的悲剧故事，叫作《秋胡戏妻》，说的是男人的不是。但用当代的观点看问题，悲剧里的女人本来是受害者，因为"醋"劲十足，才至性命不保的。

说是那个叫秋胡的人，娶妻五天就离家到外地做官去了。五年之后春风得意地回来了，快走到自家村庄的时候，看见田野里有一位楚楚动人的女子在采桑叶，把这个秋胡看呆了，就下了马车，走到女子面前，以就餐、求宿、许金进行挑逗，结果被女子一一回绝。回家后，见过父母，使人召回妻子，一看，竟是那位采桑叶的妇人。秋胡觉得惭愧不说，妻子开始数落起他来，说他离别父母五年了，不是着急回家，反而调戏路边的妇人，是不孝、是不义。不孝的人，就会对君不忠；不义的人，则会做官不清。于是，出村往东跑去，投河自尽了。

其实，这位女子大可不必这样认真，她的丈夫已经表示惭愧了，她也并没有什么轻佻的言行，完全可以教训丈夫几句，就什么都过去了。如此，夫贵妻荣，岂不皆大欢喜？关键就是这位女子心里没有"方圆"的处世方法，尤其对丈夫的期望值过高，认为丈夫将来一定不会忠于他们的爱情，与其将来难受，不如现在

一死了之。结果，白白断送了年轻的生命。

值得我们深思的是，古代的悲剧故事并不过时，在现实生活里，因为丈夫的拈花惹草，或者只是怀疑丈夫有第三者，于是争吵、纠缠中自杀殉情的也大有人在。在恋爱、婚姻的问题上，男人往往比女子想得开些，真发现妻子在感情上有问题，自己觉得窝囊，阳刚之气涌上来，索性来个一刀两断者有之；也有怕以后娶不上媳妇或为了孩子的，就干脆装起"方圆"来，只劝女子改过了之，岁月长着呢，时过境迁的时候也是有的，说不准夫妻俩又恩爱如初，小日子真就红红火火地过起来了呢！

生活就是如此，女人要得到幸福就不可太计较，否则就只能尝到苦涩和泪水。

## 不相疑，才能长相知

假设你在楼道里和一个熟人擦肩而过，你和他打招呼，而对方却没有反应。对此，你会做何感想？

多数人会怀疑："他是不是讨厌我了？"或者心里嘀咕："难道最近我做了什么伤害他感情的事了？"也会有人大怒："理都不理我，没礼貌的家伙！"

但是，请冷静地想想，对方没理你也许是因为那时他恰巧脑子里在考虑什么其他事情,没有注意到你;或者太匆忙,发现你时已经走过了。可以这样说,对方当时因为在某种负面心理的驱使下没有回答你的可能性很小。

事实是,我们对施加于自己的言行有时会毫无必要地赋予某些含义,然后过分地咀嚼和分析对方行动的含义。然而,只要回过头来看看自己你就会明白,人们的很多行为往往是下意识的,而你的咀嚼、分析,多数情况下会产生对对方不好的情绪,这种情绪会对你的人际关系造成伤害。你捕捉到的毫无根据的恶意,不但会左右你对对方的看法,而且还会影响自己的心情。

最近小敏总是觉得老公行为异常。有一天,她无意中翻看老公的电话号码本,发现了一个女人的电话号码,就追问丈夫那个女人是谁,老公说是一个女同事的电话。这事儿就放在了小敏的心上。后来,她几次从老公的手机中查到双方的联系记录,为此,小敏心里愈发不踏实。是什么事情让他们同事之间只能通过电话联系,而不能当面说清呢?小两口于是为此闹矛盾,小敏经常半夜睡不着就将老公叫醒要求他解释这件事,老公烦不胜烦,觉得自己在小敏面前没有一点心灵空间,而且小敏对自己的不信任严重地伤害了自己的感情,原本和睦的家庭终日笼罩着战争的阴影。

像小敏这样对爱人的猜疑,不少女性朋友都有过,有些朋友甚至喜欢捕风捉影,听风就是雨,常常给自己树一个假想敌,对方一有单独外出的机会,或者电话什么的,就怀疑是与情人约会、与情人通话,搞得双方心里都很紧张。我们希望爱人对自己

坚贞，希望爱人对自己纯真的心理是正确的，然而过分地看重这一原则，就会对爱人的言行很敏感，正如鲁迅所说的那样："见一封信，疑心是情书；闻一声笑，以为是怀春了；只要男人来访，就是情夫；为什么上公园呢？总该是赴密约。"而现在呢？上网就是与情人聊天，打电话就是与情人联络感情；出外就是与网友约会，仿佛爱人的一切行动只为了一个目标——寻找外遇。

其实女人大可不必如此紧张，所有的事情自然有他的游戏规则，哪怕通讯、科技再发达，这家庭的存续恐怕也不会消失。爱人是以信任为基础的，信任是对爱人最好的尊重，要相信自己的爱人是一个能够正确处理各种事务的人，是一个有着正常判断力的人，是一个懂得感情、懂得尊重、懂得自尊的人，要将爱人当一个真正的有独立人格的人看待。当我们看到爱人的某一行为，如小敏看到的老公记下女同事的电话号码，并有一些电话联系，并非这些行动都是那么的庸俗和狭隘，肯定有自己的正当理由，或者为了公事，或者有什么事情需要双方协商等。

爱人之间的信任，需要双方的共同培植，要从一些细节小事做起，应加强双方的沟通和了解，打消对方的顾虑。在这方面，列宁和克鲁普斯卡娅是我们学习的榜样，他们结婚后，订了一个公约：互不盘问，后来又加上了一条：互不隐瞒。这两条其实不矛盾。互不盘问，就是信任对方，不盘问对方的行踪；而互不隐瞒就是不需对方盘问，自己主动向爱人报告自己的行踪、想法，达到交流感情的目的。有了互不隐瞒，就不必盘问，不盘问对方，双方之间就有了信任感和被尊重感，这些都有助于感情的融洽和家庭的和睦。夫妻之间少些猜疑，多些真诚的交流，要经常交心。有道是："长相知，才能不相疑；不相疑，才能长相知。"当夫妻之间多些坦诚，没有无端猜疑时，就能够做到知心了。

我们总怕别人会害自己，其实害自己的不一定是别人，也许是自己！我们应该能常常理清自己的心虫，别让它偷偷啃食我们的心，或飞出去伤害别人。当我们用警惕的眼神去注视别人，用猜疑的思想去怀疑别人，用谨慎的行动去处理事情时，我们确能很好地保护自己，但有时仍然会感到受了伤害。如果排除了一切外界因素，还找不到受伤根源时，那就很可能是自己伤了自己。其实很多时候，我们所受到的伤害都是自己造成的，是我们的错误观念和对事情的主观臆断伤害了我们自己。要学会战胜自己，首先要从纠正观念、呵护自己的心灵开始。

多疑的女人其实自己也并不轻松，她们常常会感到压抑、神经高度紧张。因此，多疑的人多有离群索居、自我封闭的倾向。到这种程度时，他们就会极端排斥他人。造成人们"心理过敏"反应的原因，总的说来有两个：

首先，由于幼稚与自我感觉欠佳。一些人自我感觉不佳，会产生极强的自卫意识，头脑中永远有一根严阵以待的防卫神经，听不进任何批评意见，甚至还会将别人善意的告诫视为对自己的人身攻击。

其次，不切实际的期望也往往导致心理过敏。也许你希望别人对你完全接受，赞同你的一切建议。然而，事实会常常不尽如人意，于是，你会感觉到失望与不满，似乎人人都故意与你过不

去，疑虑重重，总觉得别人对自己有看法。这是一种多疑病态的表现。

要治好"多疑病"，走出心理过敏的误区，不妨从以下几方面做点努力：

一、学会豁达。任何人不可能每次都如愿以偿地得到自己想要的东西。"尺有所短，寸有所长"，一个人在一两个方面有所特长就不错了，没必要事事争强好胜。

二、增强自信。这对于医治多疑过敏症非常重要。增强自信心意味着培养个人适应社会环境的各种能力。

三、学会冷静思考。遇到有怀疑的地方，先不下结论，如事情不急，不妨等几天后看看，究竟是怎么回事；如事情较急，可找比较信任的上级或同事问清楚。时间是最好的冷却剂。

四、学会一些积极的心理防卫。如学会"否认"，对某些高度怀疑、但又不能得到证实的事，不是去"忘却"，而是加以"否定"，就像它根本没有发生过，把心理上或情感上不愿接受的事物，当做没有这回事，以减轻心理上的负担，即给自己找一些"言之有理"的理由加以解释，尽管这些解释并不一定十分合情合理，但本人却强调这些"理由"去说服自己，以避免精神上的苦恼。

如果说仅仅是杯弓蛇影，那是自己的事儿。如果说是杞人忧天，那更是自己的事儿。可是，一旦对他人乱猜一气，就要伤害别人了。当然，最后受伤害的，还是你自己。多疑就如同一个心理陷阱，将自己卷入的同时，于不觉间也将他人拉入你心灵空间，一起卷入你情绪的深渊。天空是明朗的，生活每一天都是在以正义为基点而展开，女人一定要在信任的基础上与他人建立起正常积极的人际关系，相信如此这般，你的心境也会明朗起来。

# 女人，"傻"才可爱

在婚姻生活中，聪明的女人知道爱情虽然温馨浪漫，日子却琐碎而平凡，两个在不同环境下长大、有着不同经历和不同个性的人走到一起，必然会有一个相互了解和相互适应的过程，万万不可逆丈夫的本性而强迫他成功成名，她们不会为了自己的虚荣而禁锢自己和爱人。

无论在聪明女人的眼里还是心中，男人都是个正在成长的孩子，他们需要温情，需要爱抚，女人结婚了还有丈夫的臂弯可以依靠，而男人则必须赤裸裸地面对所有的压力和伤害，所以聪明的女人总是把家营造成一个温馨的小巢，带给丈夫以妻子的娇柔和母亲的宽容。

聪明的女人在围城之外的人看来有些方圆，她们从不在丈夫面前咄咄逼人，她们不会凡事都替丈夫指方向、拿主意，在她们看来爱丈夫最好的方式是引导他，而不是干涉他，当然她们更不会处处算计丈夫兜里的钞票。

而有些女人看起来很精明，她们在家庭里什么都要看守，什么都不想放弃，她们看不惯丈夫的窝囊和猥琐，所以就恨铁不成钢地为丈夫树立起远大的目标，然后拿着鞭子驱赶着丈夫在通向"美好明天"的路上艰难地跋涉，最后筋疲力尽的丈夫望着遥不可及的前方，感到活得那么累，那么没有尊严，于是不想再委曲求全了，他们决定和精明的女人劳燕分飞，精明的女人这时才发现精明反被精明误。

精明的女人大多不够宽容，他们会对男人横挑毛病竖挑刺，让男人感受到沉重的压力，男人们不由得寻求起自由轻松的好去处了，而且他们对此毫无愧疚之感，他们说："谁让你逼人太甚了呢！"

文凯和陈静是中学同学，两个人在高中三年的朝夕相处中萌发了朦胧的爱恋情怀，后来文凯考上了大学，而陈静却名落孙山，但是这一落差并没有影响两个人的感情，文凯大学毕业后留在省城一家科研机构工作，他们很快就结婚了，但是由于陈静在家乡一个小镇的工厂里做工，所以两个人只得像牛郎织女般地过着两地分居的生活。

后来由于文凯的工作能力很强，在单位能够独当一面，所以领导比较赏识他。在领导的积极帮助下，费了很多周折才把陈静的户口弄进了省城，但是由于没有文凭，陈静很长时间都没有找到合适的工作，只好待业在家，这时的他们虽然经济上并不富裕，但是感情却很好。文凯虽然在陈静面前很有成就感，但决不高高在上，反而对整日闷在家里的妻子体贴有加，而陈静也很以丈夫为荣，为了让心爱的男人生活得舒适幸福，她每天都把家打理得井井有条，不让丈夫操半点心，那段时间是他们爱情的黄金岁月。

随着时光的流逝，陈静觉得总这么待在家里也不是个事，于是就出去做点小买卖，结果生意越做越大，越做越红火，四年后竟成了一家私营企业的女老板，而文凯依然是个每月拿一千多块钱的技术员。开始的时候，陈静还挺顾及丈夫的感受，尽量减少在外面的应酬，一下班就尽量往家里赶，在工作一天后，仍勤快地干家务活。可是不知从什么时候起，文凯感到自己在家里的地位跟老婆完全掉了个个儿，成了摆设。陈静变得很有个性，也很有主见起来，他的意见在陈静的决定中越来越无足轻重，连他的人在她的眼中似乎也变得可有可无起来了。陈静越来越像他的领导，而不像他的老婆了，她回家的时间越来越晚，出差的次数越来越多，他不得不承担起打扫房间、洗衣、做饭的任务来，久而久之，陈静竟把这当成了他的分内事，再也不插手家务活了。

这天晚上，10点多了，文凯还在洗衣服，而陈静还没回家。11点多了浓妆艳抹的陈静才神气活现地走了进来，随手将皮包扔在沙发上，"孩子睡着了吗？"她慵懒地躺在沙发里，用手轻轻捶打着肩膀。

"睡了，晚上跟几个小朋友在楼下玩，累了。"丈夫从厨房里端出一杯温牛奶放在妻子面前。

"你怎么又让他一个人到楼下玩，把性子都玩野了。"

"那我总不能成天把他关在家里呀！"丈夫的声音越来越高。

"你不管，谁管，我每天在外面累死累活，回家还要管孩子，那还要你做什么！"

"你以为就你忙吗？我也要上班，你是孩子的妈，带孩子也是你的义务。"丈夫的火气也大了起来。

"你忙，你忙，鬼知道你忙些什么东西。到单位七八年了，还是个普通技术员，挣钱没指望，升职没希望，活得还像个男人吗？"说着说着，陈静的火气上来了，将眼前的牛奶杯用力往地上一摔，牛奶洒了一地。

见妻子开始宣战，丈夫退回房间，重重地将门带上。过了一会，门开了，丈夫已经换好了衣服，准备出门。

"今天，你要是敢走出门一步，以后就别想进这个家门。"已经准备开门的丈夫无可奈何地将手缩了回来，回头看看趾高气扬的妻子，苦涩地摇了摇头。

再后米，妻子仿佛骂丈夫骂上瘾了，动辄就骂他没出息，骂他不长进，说："我当初真是瞎了眼，竟会爱上你！"

文凯看着与过去判若两人的妻子，伤心至极，她到底怎么了？难道都是金钱惹的祸？终于有一天，他对她说："我不妨碍你的前程，咱们离婚吧。"

可见，太过精明的女人因为精明未必可以获得幸福。在婚姻与爱情的舞台，无论男女，都不要将自己锻炼成那个太精明的人。幸福的来源在于方圆与精明之间。所以，你一定要演好自己的角色。

# 女人滔滔不绝，男人逃之夭夭

聪明的女人能感觉到唠叨似一股燥热的风，会使鲜嫩的水果失去水分、失去光彩变得发皱；她也会体味到唠叨如一股寒流，会冻结双方情感的畅通，而使自己的吸引力迅速消退。

聪明的女人见丈夫回来，一般都是帮助宽衣，接过物品；知冷知热，送过热水，诸多"小恩小惠"频频出手。浪漫的年轻人也会拉手、拥抱、接吻，十分热情，百倍恩爱。你融化了一颗心，你也就获得了这颗心的感激与回报，凡事再不用唠叨，一拍即合。

聪明的女人知道，能在双方了解互通下结为夫妻，那就如伐木在手，至于如何在岁月中精雕细刻，那是门艺术：爽直、热情、友善，不然，到手的木材就会成朽木一节；聪明的女人知道，结成夫妻的家庭就如一盘棋，你来他往追求的是"友谊第一，比赛第二"，别为了一招一式上的得失，磨磨叽叽，又进又退没完没了；聪明的女人还知道尊重对方、理解对方，不把男人的弱点当歌唱，不抓男人的弱项为把柄，不把男人没干成的事、没完成的目标当嚼着有味的泡泡糖，每天晚上嚼一遍。聪明的女人知道，好女人要贤淑。

可是，天下的女人并不都是这样的。有一些女人，好像从来没有顺心的事、没有顺心的时候。无论何时何地，只要和她在一起，都会听到她在喋喋不休地抱怨。高兴的事被她抛在了脑后，不顺心的事总被她挂在嘴边。把自己搞得很烦躁不安，也把男人弄得心惊肉跳。

尤其是上了一些年岁的女人，岁月的流逝让她们备觉伤感与无奈。同时，在生活工作中力不从心的感觉也让她们焦躁，偏偏她们的苦恼又得不到别人的理解，比如挣扎在社会夹缝里的丈夫和正处于叛逆期的子女。在这种情况下，她们只有通过不断地重复自己的观点，来吸引男人的注意，直至这种方式成为一种习惯。女人一旦染上唠叨的毛病，会使任何一个男人退避三舍，除非他是个聋子。特别是丈夫，他们所反感的莫过于妻子对于自己的一次次说教。身为一个已婚女人，她们的唠叨可以从以下几个方面体现：

一、从唠叨产生的原因看：多数是家庭中常说常出现而男人却认为是不值得的事情。正因为男人们认为是小事情，所以不去注意它，更没有去改掉它，这恰恰伤害了女人，甚至认为自己的丈夫不爱自己，否则这么小的、简单的问题对于一个男子汉来说怎么这样难呢？

二、从男女之间的差别看：男人比较理性，而女人比较感性，女人对事情比较敏感，女人天生喜欢表达，所以当她看到不顺心的事情的时候，就想说出来，这样心里感觉舒服一些。

三、从女人的情感看：对于多数结了婚的女人来说，家就是她们的生命,她精心策划、呵护家中的一切,家中的每一个角落都凝聚着她的情感,所以家中的一切事情都逃不过她的眼睛。

四、从唠叨的内容上看:女人既然把家看成是自己生命的全部,当然话的内容主要都是家庭琐事,因为她们除了工作,每天都生活在这些琐事之中,其实,正是这些琐事才构成了一个完整的、温馨的家。

女人不要同一句话重复多遍,训练自己把话只讲一遍,然后就忘掉它。比如你必须很不耐烦地提醒你的丈夫六七次,说他曾经答应过要一起去做某件事,如果他现在已经在做了,你就不用再浪费唇舌多说几遍了,唠叨只不过使他更想拒绝而已。

有三个方法可使女人改掉唠叨的恶习:

一、培养自己的幽默感。幽默感将会使你常常保持良好的心情。如果你对芝麻大小的事也会生气,早晚会精神崩溃的。有些太太催丈夫去倒垃圾的时候,也会因为丈夫动作慢了一点而大动肝火。所以要学会用宽容幽默的态度对待生活中不如意的事,而不是整天紧绷着一张脸,更别为了一些微不足道的芝麻小事,而把爱情变成了怨恨。

二、尽量采用温和的方式。温和的方式比重复唠叨的方式有用多了。男人都喜欢被人请求,而不是命令。"如果您愿意去割草,亲爱的,我就给你烘你最爱吃的水果饼。"或"亲爱的,你每次都把我们的草地修得这么整齐,我的朋友都很羡慕我有你这么好的老公呢。"学会说类似这样的话,会比你的唠叨更容易达到目的。

三、凡事一定要保持冷静。当你与丈夫发生不愉快时，要记得保持冷静。在不愉快发生时千万不要唠叨埋怨个不停，而应当在你和丈夫冷静下来时，再把这些事情拿出来讨论。如果是微不足道的小事，你一定不要再提起。如果你认为很重要，就心平气和地和你丈夫谈谈，在理智与平静的情况下，利用相互信任和合作来消除它。请记住，你不可能用唠叨的方式套牢一个男人。

## 有些话，慎出口

一项调查显示，导致夫妻吵架的最主要原因是口舌之争，也就是说摩擦大都是因为说话不谨慎引起的，下面就是最容易挑起矛盾的几句话，你不妨参考一下：

一、"嫁你算倒霉了，整天为钱操心！"一个丈夫兴致勃勃地对妻子说："刚发了薪水，我们去吃大餐！"他绝对是出于好意，但是太太听了却心里有气："你赚多少钱啦！有资格享受么？嫁了你，这日子就从没自在过，成天为钱操心！"丈夫无端被数落，十分没趣。

丈夫挥金如土的确令当家者心惊肉跳，但做妻子的切忌大吵大闹，更不能在朋友面前当众数落丈夫，这是对丈夫的基本尊重。你可以心平气和地跟他讨论家庭开支，甚至列出他每月的零用钱数量。

一对夫妇要共同生活数十年，要想婚姻永远幸福，一定要对双方有更深入的了解。双方相处，如一只鸟儿身上的翅膀，像一辆车子下面的两个大小均等的轮子，并肩向前，缺一不可。

然而，你在态度严肃、措词坚定的同时，切勿破口大骂对方，或没完没了地数落你对他的不满，因为这样会严重伤害你们之间的感情，也会深深打击他的自尊心。

二、"我知道你就会这样说。"有很多话本身并非责难，除非你用的是含沙射影的语气。当你面带挖苦地说"我知道你就会这样说。"时，无异于是在用另一种方式骂你的先生是个"笨蛋、蠢人"。美国西雅图葛特曼研究院创建者、《婚姻美满的 7 条准则》一书的作者、哲学博士约翰·葛特曼认为：轻蔑会加快婚姻的崩溃。离婚最明显的征兆之一往往是无论你丈夫说什么，你都不屑一顾。

较为明智的表达既真诚地考虑到了他的感受，又表明你希望能为解决问题做些什么。对生活中彼此每一点细微之处都试着去体会和沟通，你们的婚姻才会更为牢固。葛特曼建议道："比如他加班要很晚才能回家，那么不妨把他最爱看的电视节目录下来。只有对彼此的目标、焦虑和希望真正有所了解，当要决定重大事件以及出现分歧时，你们才能够更为妥善地共同对待。"

三、"你令我简直快疯了。"你得明确是什么在影响着你的情绪，奥尔森博士认为：笼统地否定一切只会令婚姻关系愈加紧张，"特别是解释清楚你生气的理由"极为重要。

你需要强调他的行为带给你的感受，但不要列出一大堆的抱怨和委屈清单。记住：一次只指出一个问题，诸如，"当我想跟你说话而你只顾自己看电视时，真的叫我很难受"。

越早说出自己当时的感受越好。奥尔森博士解释说，"你令我简直快疯了。"这句话意味着你的情绪经过长时间的压抑之后已经上升到了一个过激的水平。

四、"这事你一直就没做对过。"责备你的另一半的行为不当，你往往会指出做这件事正确和错误的方法。虽然看上去你的方法可能最好，可事实上它常常是带有你主观偏见的。葛特曼博士指出："责难会使夫妻感情疏远。"家庭中两个人要做到相互平等。葛特曼博士举例说，当需要做家务活时，男人们必须抛掉让自己很舒服的想法；而女人也得放弃控制男人完成这件事的过程。"显然，做他的顾问比对他指手画脚效果要好得多。"

不要吝啬对他的感激和肯定之词，这会令他乐于继续坚持下去。幸福的夫妻往往建立在彼此欣赏的基础上，他们会常常互相赞美，哪怕是日常生活中最细枝末节的地方，他们也不会忘记说声谢谢。

五、"为什么你总是不听我说？"说你的伴侣总是不听你的，不仅是责备而且还夸大了怨气。毕竟，即使是最不虚心的人对你所说的话也会在意的。美国西雅图华盛顿大学社会学教授、《爱在平等间：如何真正让婚姻平等》一书的作者、哲学博士佩伯·施沃兹指出：使用"总是"或者"从不"这样的字眼，你的丈夫"此刻就不可能和你进行正常的交谈"。同时，这种全盘否定的说法还会把问题的责任全部推到他的身上，而让自己脱离了所有干系。

而以"这对我真的很重要"这句话作为开场，则会为你打开一扇进行建设性对话的大门。施沃兹认为："它会令你有机会说出被他拒绝的话而且提出解决问题的建议。"

在表述你的观点时要冷静。丹佛大学心理学教授、《为婚姻而战：避免离婚并让爱情持久的法则》一书的作者、哲学博士赫沃德·玛克曼认为，通常妻子对丈夫最大的抱怨是他们完全不和你说什么；而丈夫们最一致的看法却是说得太多会引起争执。因此他建议：如果你想让你的丈夫不仅听你说而且更多地和你交流，就要始终做到心平气和。

六、"说得对，我正是要离开你！"威胁听上去好像很引人注意，但它们往往很危险，而且不给进一步的交谈留一点余地。施沃兹博士解释说："你的丈夫可能会对你说'再见'或者讥讽你不过是做做样子，而这两种结果都是对你的一种羞辱。"

就算你确实怒气冲天一走了之，你们的关系也不会就此结束，尤其还要牵涉到孩子的问题。

把那些一触即发的冲动放在心里，毕竟你"并不真的想要离开"。在这种情况下，只要夫妻间的关系还没有破裂，说出真实的感受有助于接触到问题的根本。不过，对于大多数婚姻而言，动不动就用离开来进行威胁只能随着时间的推移而变成现实。葛特曼解释说："这就有点像自杀，总是威胁要离婚的人将自己未来的道路一点点逼进绝境。"

七、"没什么不对。有什么让你觉得不对的？"回避问题只会

让事情更糟。伤口总是会化脓的，你的痛苦会将你们的关系抛向更为混乱的境地，并逐渐深化。

首先，承认有不对劲的地方，即使你并不准备立即谈论此事。这样做有助于消除紧张气氛，并使你们两人处于寻求解决之道的同一条路径上。然后，计划好大家坐下来慎重地谈论双方的问题。

在临睡之前解决问题是明智之举。但玛克曼指出，如果双方对某些问题存在严重冲突，那么"在临睡前硬要将这些烦心事弄出个所以然就并不恰当"。他建议，暂时将怨气放在一边，直到你找到能够处理问题的时间。在你感到不那么疲惫和劳累的时候，会更容易发现解决问题的方案。

婚姻中难免有摩擦，但彼此一定要学会选择一种温和、不伤感情的言辞来表达自己的意见，一触即发之际，是火上浇油，还是春风化雨，女人，就取决于你的一句话。

## 爱不能没有空间

大多数女人的本意是：想要管住一个男人就必须抓住两个方面——男人的钱包和手机。经济和行踪都管理好了，一个男人想花心也难。

俗话说"男人有钱就变坏"，这似乎已经得到了大量实践的验证。为此，有些女人干脆把老公的工资先统一收缴"国库"，再按月发饷。这样做，尽管从管理力度上来说非常彻底，但从技巧上来讲却不近人情，而且男人出门在外要靠钞票充门面。我们可以每个月"征收"老公工资的一部分，作为家里的公共基金，当然你也要上交，这样既不会让老公觉得受到不平等的压榨，又达到了给老公钱包缩水的效果。

哪怕你再想知道老公的行踪，也不要贴身追踪，隔两三个小时就打电话查岗，这样做的结果只会让老公厌烦，更伤害了男人的自尊。作为女人，最糟糕的是把自己心爱的男人"推"出门去。

徐萌一下班直奔家里，电话短信一直发给老公，看到老公在家就兴奋得要死，又是端茶又是递水，一直坐在老公旁边。结果，却每次不到几分钟就要被骂一次，原因是老公嫌她太唠叨。水喝了还问渴不渴，刚吃完饭她还问要不要吃什么，电话来了问是谁，是男是女，找你干什么……朋友有时都觉得徐萌很可怜，自己的生活圈子不去创造干嘛整天围着老公转，况且老公脾气又不好，朋友不止一次地劝过她，自己的钱自己保管，别把钱都给了老公，因为他都是拿去吃喝玩乐，可她偏偏听不进去。终于，老公忍受不了她的唠叨提出离婚。

徐萌就是因为把丈夫看得太紧，收放过度，最终把老公"推"向别人的怀抱。

其实我们完全可以先进入老公的社交圈，与老公的同事朋友交朋友，如果可能的话，更要跟那些太太交朋友。一旦太太同盟

形成，老公们的行踪便尽在掌握了。

事实上，并非所有管老公的妻子都担心老公在外面有外遇，而是因为太心疼对方，什么事情都想替他操心：他约了朋友吃饭到点了还在上网，你要管；他的表妹过生日，他买了个公仔作礼物，你还是要管；他哪怕是去银行取个钱，你都担心他把密码告诉别人……为什么你事事都想管着他呢？是因为你爱他。曾经有人说过："当你觉得这个男人像孩子一样，任何人都可能欺负他的时候，证明你已经爱上他了。"

可是，可爱的女人们，你们可知道，他在认识你之前，还不是一样活得好好的，一样和上司朋友打交道，一样给表妹过生日，一样去银行取钱……说不定你这样管了，你的老公还不会领情呢——他会觉得你不信任他，在你眼里他什么都不是，从而产生了逆反心理，以后做什么事情，去哪里见谁，再也不让你知道了。

还要提醒你的一点是：千万不要把婚姻看做生活的全部，而对老公过于依赖，以免这个城堡不堪重负被压垮。除了婚姻还有很多其他社会活动需要你的参与，譬如工作、关心父母、朋友、自己以及各种广泛的社会活动。如果把自己的一切都和他绑定了，那你也就成为了他的附属，这样于自己是一种枷锁，于别人是一种负担。

爱是一种生命，它同样需要喘息，需要空间，需要自由，需要你放手让它去飞翔。爱的红线不能绷得太紧，否则终有一天彼此会感到疲惫，而线也会随之绷断。

杜宇和隋丽是大学同学，二人相恋 3 年，最后携手走进了婚姻的殿堂。婚后的生活开始很幸福，隋丽就像影子一样，一直追随在杜宇的身旁。她曾幸福地说："我要做他的影子，只要他需要我，随时就能找到我。"

然而出人意料的是，他们竟离婚了！杜宇告诉朋友："其实我们彼此还深爱着对方，但是这份爱让我太过疲惫，我只能选择放手。"

当朋友问及缘由时，杜宇回答："男人需要应酬，或多或少都要喝点酒，可是她反对，于是我就戒酒。在她面前，只要是不突破底线的事情，我从不坚持。我知道她这是为我好，我应该给予她相应的尊重，久而久之这便成了她的一种习惯，她一直左右着我的生活。或许在她看来，唯有如此才能说明她在我心中的重要。"

"于是你厌烦了，想要摆脱？"朋友问道。

"不，若是如此我们根本不可能将婚姻维持到今天。而且，这种情况下我该感到解脱才对，可为什么心中还会隐隐作痛呢？"

原来，婚后不久杜宇去了一家外资企业，而隋丽去了政府部门，杜宇为了赶任务经常需要加班，而隋丽一直很清闲。最初，隋丽只是抱怨，抱怨杜宇没有时间陪她。时间久了，这种抱怨逐渐升级为猜忌。他加班回家晚，她就等着他，他不回来她绝不睡觉。他回来以后，她就趁着他洗澡的间隙去翻他的口袋、嗅他的衬衣、翻看他的手机……看看能否从中找到一些证据。他上班时，她每天都要打几个电话"关心"一下，却从不顾及他的感

受。再后来，她甚至会因为朋友间的一个玩笑信息，追着他盘问半天。

时间久了，他累了，她也累了，生活、事业重重压力之下他实在疲于花费精力去解释，既然两个人在一起猜忌多过于开心，不如暂时分开让彼此冷静一下。一段时间以后，他找到她，希望两个人能够重新开始，重新找回以往的甜蜜、温馨与信任。但是，她拒绝了，她之所以拒绝不是因为不爱，而是因为无法面对，她无法面对他，更无法面对自己，她不知自己被什么迷了心窍，竟去无端猜忌一个如此深爱自己的男人。是她害得他离开，是她害得自己疲惫不堪，她不知该如何去面对这一切，所以只能选择从他的世界中消失……

女人，你是否也曾做得有些过火，将爱禁锢在自己编织的鸟笼中，让他感到无法呼吸？生活中有很多人认为，爱就是紧紧相拥，不留一点空隙，因为一旦有了距离，爱也就疏远了。其实爱情与人一样，需要起码的空间、氧气作为生存条件。将爱紧紧攥在手心里，爱情的一方必然会感到压力十足、会感到难以喘息，这只会逼迫他去逃离。

女人，请给予爱适当的空间，松开你紧紧攥着的手，你会发现生活原来如此轻松、如此写意。给予爱一个自由呼吸、自由舒展的空间，你会发现爱情之花开得更加娇艳。

男人就像女人手中的一把细沙，抓得越紧，丢得越快、越多，所以女人别把男人看得太紧，给他一片自由的天空，这样你也许会得到更多。彼此都要留点私人空间比较好。

# 男人的面子很重要

面子，是无形中存在又不可忽略的东西，男人，尤其需要面子。不少男人活着，大多时间是活在面子的支撑下，想象不出如果没有了面子，他们的日子会是怎样。这样的说法一点都不过分，因为面子是男人精神和心理的需求，是不同于物质的。女人到了一定年龄，最忌讳的就是喋喋不休、经常爱抱怨，因为男人天生就爱面子，尤其是在外人的面前。但无论在什么时候，男人特别不希望自己的妻子是一个不会给足男人面子的女人。

当女人度过了自己的热恋阶段，男女双方迈入了"居家过日"的时候。此时的女人为人妻为人母，在小日子里充当着比男人更重要的角色。在家庭中可以掌握经济大权，女人说了算，在男人的眼里已经是习以为常。但是，无论女人掌握多大的经济权利，女人在大众面前一定要给足自己的男人面子。男人外出，女人为他整理得干干净净，什么颜色袜子配什么颜色皮鞋，什么颜色衬衫配什么颜色外套，把自己的丈夫打扮得"山清水秀"。在众人面前要对自己的男人赞不绝口，言语间透出对自己男人的欣赏。她掌握了家中经济大权，对众人会说，小事情我做主，大事情老公说了算。女人给足自己男人面子，她以这种美丽，支撑着

小家。

在灯红酒绿、纸醉金迷的大都市，有时有些男人经不住诱惑，迷失了方向，做出了越轨行为，女人不会容忍这种行为，但是会以她的宽容，面对现实，在大众面前会帮男人承担些责任。既为人妻，又为人母，维护男人和孩子的面子甚至比自己更重要。她会不惊动任何人妥善处理好尴尬之事，丝毫不会破坏背叛自己男人的公众形象，不会使她心中那些美好的回忆支离破碎。

由此可见，在处理尴尬家庭事务中，女人给足了男人面子。她把尴尬和痛苦留给自己，用一种坚强的美丽维护男人的公众形象和孩子幼小心灵不受伤害，在两个长辈家庭未掀起波澜，同时也是维护了自己的面子，不会有使自己、孩子、老公及家人走在路上被人指指点点的那种伤害。这样既给了男人面子，同时还给自己争了面子，两全其美。

其实，一个女人给男人面子，从而激发他们的更多优势，对自己更有信心，从而做得更好。有句话说得好：男人的一半是女人。因此，女人要给足男人面子，以促动他们积极向上，有错就改，无错加勉。

现今的社会，女人早已不是依附于男人而生存，这已经让有些男人心理失衡，如果再不给男人面子，家庭生活必定会是矛盾重重。倒不是说男人的心态不好，几千年来造成的问题不是一朝一夕就能烟消云散的，女人不再是过去那种唯唯诺诺的女人，女人是可以自闯一片天的。面子问题，也就应运而生了。在任何时候，给男人面子，不是让女人委曲求全，而是要给男人体面的自尊。这样既有助于家庭和睦，同时还会使您得到男人更多的关心和体贴。

男人在外打拼，劳累、委屈他都可以不在乎，但他不能失去男人的尊严。确实，只要不违背原则，女人可以暂时委屈一下，给男人一点面子又何妨呢？常言说：量大福大。大度的女人也更令男人加倍地尊重自己。

总之，对于一个家庭而言，首先要有"欢乐气氛"。假如丈夫的潜力没有发挥出来，女人就应该给他创造一个发挥潜力的环境。作为妻子，指责或是挑剔都是不应该的，因为面子对于男人而言或许是在社会上立足较为重要的东西。

面子，在某些时候对于女人来说并不难，只要不损害原则问题。给男人面子，在某种程度上，女人自己也会得到好感和尊重。一个得理不饶人，或是自恃高傲、咄咄逼人，目中无人的女人，一点面子不留给男人，相信很多的男人都会避而远之。

特别是在一些人多的场合，男人说错了，你明明知道，但作为女人千万不要当面指出。私下再去更正，更正的语气也不是平日里那样直接，应该比较委婉，既让他明白自己哪里错了，也让自己没有心理负担，不然的话，男人会有纵容明知是错而不纠正的心理。女人这样做，与俗语的"给个台阶下"是大同小异的。

# 巧对 "N 年之痒"

婚姻是一场终身的事业，事业的每个阶段都会有低谷；婚姻又是一条长满刺的毛毛虫，在两个人的身上不断地磨蹭，需要与它斗智斗勇。胜负的标志是它先磨光了刺，还是你先过敏。正因为这样，我们先提前做好准备，当毛毛虫犯痒的时候，当处于低谷期的时候，我们就可以笑看风云，从容应付。

不再年轻的女人们，或许你即将，或正在与 7 年、10 年之痒做斗争，但是这些 "N 年之痒" 绝对没有想象中那么可怕，只要我们经受住时间的考验，慢慢地磨合，那么我们的婚姻肯定能安全度过这些 "N 年之痒"。

夫妻感情归于平实是 "N 年之痒" 的主要原因。人们对事物的珍重，往往在追求它的过程中显得更突出。爱情也是这样，在追求异性的过程中显得无比的热情和急切，一旦过上夫妻生活就会有所冷淡。

结婚之后，夫妻之间往往不像恋人之间那样相互亲热和富有吸引力了，双方都感到过去的爱情丧失了一部分。有人说，婚姻是爱情的坟墓，就是对这种现象的夸大。

作为一种很普遍的现象，婚后爱情的淡化与异性好奇感的消失密切相关。一般说来，在结婚之前，恋人往往期待着结婚，寄予结婚以十分美好的希望，憧憬着婚后的幸福生活。结婚以后，希望得到的都得到了，好奇感也就没有了。

婚后爱情的淡化还与婚后夫妻双方注意力的分散和转移相关。在恋爱阶段，恋人都是聚精会神地与对方交往，以各种亲密的方式传送和接受爱。新婚蜜月阶段也是这样。可是，蜜月之后，夫妻的注意力分散了：要工作，要考虑吃、穿、住，要应付各种社会关系，要赡养长辈。特别是有了小孩以后，母亲为生活而操劳，父亲为生计而奔波。这样，夫妻之间就很难有恋爱时那样多的甜蜜交往，更不如新婚时那样兴趣盎然。因而，有的人不免觉得感情冷淡，若有所失。

其实，随着种种社会伦理关系的建立，尽管冲淡了夫妻之间直接的情感交往，但中介性的交往却时时刻刻在进行着，中间绳索把两人拴得紧紧的，如果是现实主义者则会感到爱在加深。比如夫妻间的相互关照、对孩子的教养、家务的操持等都是爱情的现实表现，通过这些活动可以帮助、体贴对方，加深感情。爱情并不在于说多少爱的呓语，而是要见之于行动。正如车尔尼雪夫斯基所说的那样："爱一个人意味着什么呢？这意味着为他的幸福而高兴，为使他能够更幸福而去做需要做的一切，并从这当中得到快乐。"

尽管结婚之后，好奇心满足了，注意力有所转移和分散，但爱情并没有完结，爱的表现方式更多了，爱的体验更深了。一个方面的因素没有了，另外诸方面可以到来，甚至还会更充实、更

全面、更牢固，问题在于每一个人能否体会到这种生活的乐趣。一个会生活的人，也就是奋力追求爱并真正懂得爱的人，对种种输出和输入的形式，他（她）都能适应，并加以发展。

妻子诞下麟儿以后，原本的甜蜜便日渐淡化，他们白天要工作，晚上又要照顾孩子，忙得不可开交，渐渐地，话越来越少。

敏感是女人的天性，她首先意识到了二人间潜伏的危机，于是，她对丈夫撒娇："我有一个要求。"

"要求？是什么呢？"丈夫有些好奇。

"每天抱我一分钟。"

丈夫看了她一眼，坏笑："老夫老妻，有这必要吗？"

"我既然提出这个要求，就证明它是有必要的；你做出这样的回答，就证明它更有必要。"

"情在心中，何必露骨地表达呢？"

"假若当初你不表达，会娶到我吗？"

"怎能相提并论？当初是当初，现在我们不是爱得更深沉了吗？"

"不表达未必就是深沉，表达未必就是做作。"

二人互不相让，不久便吵了起来。最后，为了平息这场"战争"，男人首先做出妥协。他走到床边，将妻子抱在怀中，笑道："你这个虚荣的女人。"

"在爱情面前，每个女人都是很虚荣的。"她说。

此后，无论多忙，他每天都会抱她一分钟。慢慢地，二人的关系发出了新芽，他们心中弥漫着一种新的和谐。即使常常相拥无语，但此时的沉默与彼时的沉默，在情境与意味上，显然有着天壤之别。

那一日，女人要去南方出差，临上飞机时，她对他说："这段时间，你可以解脱了。"

他赧然一笑，露出大男孩的神情："我会想你的。"

果然，她刚刚走出机场，就接到了丈夫的电话，一瞬间，她心中荡起了阵阵暖流……

夫妻生活中不可能没有矛盾，生活习惯、思维方式、为人处世等各方面不可能都一致，这就不可避免地导致矛盾。建立于爱情基础上的家庭也会时常有矛盾发生。两口子过日子鲜有不磕磕碰碰的。家庭中的大小矛盾，或多或少，或轻或重都影响到夫妻感情。夫妻之间的矛盾根源何在？夫妻的矛盾心理有何表现？怎样克服这些矛盾？是每一个成家立业者都应特别关心的问题。

细细想来，"N年之痒"实际上就是婚姻生活中的某一段时期处于低谷期，就像人的情绪有高潮有低谷一样，只要我们正确看待和面对这段低谷期，把它看成我们生活中的调味品，那么我们的生活岂不是会更丰富多彩？生活本来就不会一直风平浪静，只要我们怀着一颗盛满爱的心，用真情、真诚去面对一切，女人们，我们的婚姻生活一定会一直幸福。

# 要宽容，不纵容

有些女性朋友会错以为宽恕就是无限度地纵容，这是误解了宽容的概念。一朵紫罗兰会把香气留在践踏它的人的脚上，这种大度才是宽容，可是如果紫罗兰敞开胸怀欢迎别人来践踏，那就是愚蠢地纵容了。宽容是我们维系家庭和谐美满的一剂良药，但是如果我们把宽恕变成纵容，那样于人于己反而不利了。

有一个女子向心理医生求诊，她明显是患了忧郁症，但是什么原因造成她的忧郁呢？只有知道这一点才能对症治疗。

原来，她的丈夫很喜欢喝酒，一喝醉就会动手打她。因为酗酒的缘故，她的丈夫没有一个工作是能维持长久的，所以她不得不到外面工作赚钱来贴补家用。每天回到家里，她还要做所有的家务，包括3个孩子大大小小的事情都需要她来处理。这使她身心俱疲，然而丈夫不仅不能给她任何帮助，还要常常殴打她，使她时时处于家庭暴力的恐惧之中，她还担心这样的生活会给孩子们造成不良影响。

医生问道："你的公婆对此有何意见？"

"他们都站在我丈夫那边。"女子无奈地说。公公婆婆偏袒自己的儿子，开始的时候她受到丈夫的殴打就会去请公婆做主，但公婆却反过来指责她没把事情处理好，才会激怒丈夫的。而姊娌姑嫂们，也都是自扫门前雪，谁也不帮她。到头来，她变成了一切问题的核心，明明是受害者，却必须负担"不要让丈夫生气"的责任。她不断受到伤害，却还要不断地受到别人的指责。而且，"所有人都要我宽恕他们。大家都说只有宽恕他们我才能够活得快乐。可是说真的，我真的很难做到去宽恕那些伤害我的人。"女子几乎崩溃了。

医生问："那你曾经报复过他们吗？"

"我想去报复，但是又不敢。而且我也会觉得困惑，难道真的是因为我的错，才导致丈夫打我？是不是因为我不好，才遭受这样的问题？我很担心自己是不是疯了。"

"你仔细想一想，是关心你的人多，还是伤害你的人多？"医生慢慢引导着她。

女子想了很久，回答："其实还是关心我的人比较多。"

"那么你花了多少心思在那些关心你的人身上？"医生问。

她一下愣住了。

"这就是问题的核心，"医生说，"你被丈夫伤害，也被婆家伤害，你一心寻求所谓的正义，但你又没有办法证明自己是对的。所以你什么事情都不能做，这就是你既焦虑又忧郁的主因。但是伤害你的人就那么几个，关心你的人却很多，可你却老是花时间讨好那些伤害你的人，而把爱你的人弃之不顾。这难道合理吗？看看最爱你的人是谁？是你自己。围绕在你身边的、关心你的人又是谁呢？是你的朋友。你得在心中提升他们的地位。你应

该多为自己和朋友们着想，而把伤害你的人在心中降级。你无须去追问他们为什么这样对你，也无需去讨论他们到底好不好，这些事情你想不明白，就不用去想。你要做的，就是减低他们在你心中的比重。丈夫想打你，你就去申请保护令，不然就跑。公婆喜欢指责你，你就不要有让他们开口的机会，他们一骂你你就借故离开，要不然就各说各话，不理睬他们的指责埋怨。"

她怯怯地说："可是这样，会被骂死的。"

"你又来了，你又在关心那些伤害你的人了。而且，说实在的，你就算配合他们，他们就会对你有好评吗？"

"我明白了，"女子想了想，又开始犹豫，"可是这样做不是违背了宽恕的真意吗？我不是应该去原谅他们吗？"

医生微笑道："不要着急，几个月之后你就会知道我为什么要你这样做了。"

一个月之后，女子来复诊。她的脸上开始有笑容了。几个月后，她再来的时候，整个人都变了样子：衣着亮丽，声音畅亮，一举一动看起来都很有朝气。乍看之下，很难想象这就是几个月前那个几乎崩溃的女子。

"这几个月来怎样？"医生问。

"简直是奇迹。我照着您说的话去做，我才发现，原来我身边有这么多人在默默地关心我！我的邻居、同事、朋友，甚至我的小姑们也是。我以前都没有注意过他们，而且也根本不在意他们。我真的把全部注意力都放在我丈夫身上了，而偏偏他伤害我最大！我干脆就不去理他。现在他一喝醉，我就躲开，让他连想打我也没机会。结果他竟然去打我婆婆，我婆婆气坏了，开始骂他。我现在除了必要的工作，其他事情都不管了。我把自己的时间放在和朋友们交际，还有去做义工，而且，我还报名参加了才艺班。我要多学些东西。最令人高兴的是，这些日子我的心情越来越好，我的小孩也仿佛感染了我的情绪似的，越来越开朗了。"她神采飞扬地说。

"那你现在明白什么是真正的宽恕了吗？"医生微笑道。

"我不懂，"一丝阴霾浮现在她的脸上，"我现在还是偶尔会担心，我这样是不是太自私了？"

"是该告诉你答案的时候了，"医生说，"你觉得你丈夫为什么会打你？"

"我发现他很缺乏自信，小时候被父母保护过度，又不懂得怎么表达自己。当他发现自己得不到想要的东西时，就会把愤怒直接发泄出来。而我就成了他的受气包。"

"所以你过去的挨打，其实是在帮助他继续恶化，让他永远没机会学习正确处理事情的方法。"

"以后不会了，"女子尴尬地笑笑，"说实话，我觉得他这样很可怜。我想帮他，但又不知道该怎么做。"

"你需要的是知识、方法和资源。这些你可以在一些书籍和义工的工作中学习到，你也可以重回校园。还有其他问题吗？"

"等等，我还是不知道什么是真正的宽恕啊。"

"刚刚你就已经回答出来了啊。"医生笑道。

很多人都误把纵容当成宽恕，其实，纵容是懦弱的表现，而

宽恕则是勇气的表现。一个人如果学不会爱自己以及爱所有爱他的人，那他就不会有足够的力量去抵抗懦弱，反而有意无意地帮助对方伤害自己。事实上，只有当你内心的力量比对方更强大的时候，你才有资格、有勇气去宽恕别人，这不仅仅是简单的自我牺牲。当你能够爱所有爱你的人，同时也不要配合伤害你的人继续来伤害你，更不要浪费时间在辩论孰是孰非上。倘若你能做到这些，就会开始积累力量，当你成为强者的那一天，你才会发现，要宽恕那个伤害你的人其实是如此容易的一件事。

# 第十章

# 收放自如，不为失去流泪

　　受伤了，不要流泪、不要彷徨、不要气馁、不要绝望，扔掉悲伤才能重新起航。爱的世界里，本就存在很多不确定因素，一次失去或许正预示着下一个美丽。离开你是他的损失，他不珍惜，你又何必念念不忘？

　　女人，要学会收放自如，面对爱情，要拿得起、放得下。不要让逝去的感情成为你生活的羁绊，当你拨开悲伤的乌云，你会发现一轮火红的太阳正冲着你敞露笑脸。

## 不为爱情流眼泪

爱情是变化的，任凭再牢固的爱情，也不会静如止水，爱情不是人生中一个凝固的点，而是一条流动的河。

爱情中，聚聚散散、离离合合是一个很正常的事，一如四季交替，阴晴雨雪。一段爱情，未必就是一个完整的故事，故事发生了也未必就会是一个完美的结局。对于爱情，我们不要将它视为不变的约定，曾经的海誓山盟谁又能保证它不会成为昔日的风景？

晏紫和洪波是某名牌大学的高才生。他们俩既是同班同学，又是同乡，所以很自然地成了形影不离的一对恋人。

一天洪波对晏紫说："你像仲夏夜的月亮，照耀着我梦幻般的诗意，使我有如置身天堂。"晏紫也满怀深情地说："你像春天里的阳光，催生了我蛰伏的激情，我仿佛重获新生。"两个坠入爱河的青年人就这样沉浸在爱的海洋中，并约定等晏紫拿到博士学位就结成秦晋之好。

半年后，晏紫负笈远洋到国外深造。多少个异乡的夜晚，她怀着尚未启封的爱情，像守着等待破土的新绿。她虔诚地苦读，并以对爱的期待时时激励着自己的锐志。几年后，晏紫终于以优异的成绩获得博士学位，处于兴奋状态的她并未感到信中的洪波有些许变化，学业期满，她恨不得身长翅膀脚生云，立刻飞到洪波身边，然而她哪里知道，昔日的男友早已和别人搭上了爱的航班。晏紫找到洪波后质问他，洪波却真诚地说："我对你已无往日的情感了，难道必须延续这无望的情缘吗？如果非要延续的话，你我只能更痛苦。"晏紫只好退到别人的爱情背面，默默地舔舐着自己不见刀痕的伤口。

或许我们会站在道义的立场上，为品德高贵、一诺千金的晏紫表示惋惜，但我们又能就此来指责洪波什么呢？怪只能怪爱本身就具有一定的可变性。

其实，缘分这东西冥冥中自有注定，不要执著于此，进而伤害自己。但无论什么时候，我们都不要绝望，不要放弃自己对真、善、美的爱情追求。

从前有个书生，和未婚妻约定在某年某月某日结婚。然而到了那一天，未婚妻却嫁给了别人。书生大受打击，从此一病不起。家人用尽各种办法都无能为力，眼看即将不久于人世。这时，一位游方僧人路过此地，得知情况以后，遂决定点化一下他。僧人来到书生床前，从怀中摸出一面镜子叫书生看。

镜中是这样一幅景：茫茫大海边，一名遇害女子一丝不挂地躺在海滩上。有一人路过，只是看了一眼，摇摇头，便走了……又一人路过，将外衣脱下，盖在女尸身上，也走了……第三人路过，他走上前去，挖了个坑，小心翼翼地将尸体掩埋了……疑惑间，面画切换，书生看到自己的未婚妻——洞房花烛夜，她正被

丈夫掀起盖头……书生不明所以。

僧人解释道："那具海滩上的女尸就是你未婚妻的前世。你是第二个路过的人，曾给过她一件衣服。她今生和你相恋，只为还你一个情。但是她最终要报答一生一世的人，是最后那个把她掩埋的人，那人就是她现在的丈夫。"

书生大悟，瞬息从床上坐起，病愈！

是你的就是你的，不是你的就不要强求，过分的执著伤人且又伤己。

聪明的女人之所以与众不同，就在于她们勇于放开胸怀接受好的一面，更敢于睁大眼睛不怕痛苦地盯住坏的一面，她们深知，好的一面的好处众人皆知，坏的一面里蕴含的好处，不是每个人都可以知道的。

不要憎恨你曾深爱过的人，或许他还没有准备好与你牵手，或许他还不过是个不成熟的大孩子，或许他有你所不知道的原因。不管是什么，都别太在意，别伤了自己。你应该意识到，如此优秀的你，离开他一样可以生活的很好。你甚至应该感谢他，感谢他让你对爱情有了进一步的了解，感谢他让你在爱情面前变得更加成熟，感谢他给了你一次重新选择的机会，他的背叛，或许正预示着你将迎接一个更美丽的未来。

是的，只要真心爱过，背叛对于每个人而言都是痛苦的。不同的是，聪明的女人会透过痛苦看本质，从痛苦中挣脱出来，笑对新的生活；愚蠢的女人则一直沉溺在痛苦之中，抱着回忆过日子，从此再不见笑容……

# 离开你，是他的损失

　　爱情是两个原本不同的个体相互了解、相互认知、相互磨合的过程。磨合得好，自然是恩爱一生，磨合得不好，便免不了要劳燕分飞。当一段爱情画上句号，不要因为彼此习惯而离不开，抬头看看，云彩依然那般美丽，生活依旧那般美好。其实，除了爱情，还有很多东西值得我们为之奋斗。

　　放下心中的纠结你会发现，原本我们以为不可失去的人，其实并不是不可失去。你今天流干了眼泪，明天自会有人来逗你欢笑。你为他伤心欲绝，他却怀里拥着别的女人自得其乐，对于一个已不爱你的人，你为他百般痛苦可否值得？

　　一个失恋的女孩在公园中哭泣。

　　一位老者路过，轻声问她："你怎么啦？为什么哭得这样伤心？"

　　女孩回答："我好难过，为何他要离我而去？"

　　不料老者却哈哈大笑，并说："你真笨！"

　　女孩非常生气："你怎么能这样，我失恋了，已经很难过，你不安慰我就算了，还骂我！"

　　老者回答说："傻瓜，这根本就不用难过啊，真正该难过的

该是他！要知道，你只是失去了一个不爱你的人，而他却是失去了一个爱他的人及爱人的能力。"

是的，离开你是他的损失，你只是失去了一个不爱你的人，离开一个不爱你的人，难道你真的就活不下去吗？不，这个世界上没有谁离不开谁，离开他你一样可以活得很精彩。请相信缘分，不久的将来，你一定可以找的一个比他更好，更懂得珍惜你的人。女人就该对自己好一点，别觉得离开了男人不行，相反，没有男人一样的可以活的精彩！与其怀念过去还不如好好地把握将来，要相信缘分，未来你可能会遇到比他更好的，更懂得珍惜你的人！

有些事，有些人，或许只能够作为回忆，永远不能够成为将来！感情的事该放下就放下，你要不停的告诉自己——离开你，是他的损失！

百合一直困扰在一段剪不断理还乱的感情里出不来。

傅薪的态度总是若即若离，其人也像神龙一样，见首不见尾。百合想打电话给他，可是又怕接的人会是他的女朋友，会因此给他造成麻烦。百合不想失去他，可是老是这样有时自己也会觉得自己很无奈，她常常问自己："我真的离不开他吗？""是的，我不能忘记他，只要能看到他，只要他还爱我就好。"她回答自己。

但是该来的还是会来。周一的下午，在咖啡屋里，他们又见面了。傅薪把咖啡搅来搅去，一副心事重重的样子。百合一直很安静的地坐在对面看着他，她的眼神很纯净。咖啡早已冰凉，可是谁都没有喝一口。

他抬起头，勉强笑了笑，问："你为什么不说话？"

"我在等你说。"百合淡淡地说。

"我想说对不起，我们还是分开吧，"他艰涩地说，"你知道，我这次的升职对我来说很重要，而她父亲一直暗示我，只要我们近期结婚，经理的位子就是我的。所以……"

"知道了。"百合心里也为自己的平静感到吃惊。

他看着她的反应，先是迷惑，接着仿佛恍然大悟了，忙试着安慰说："其实，在我心里，你才是我的最爱。"

百合还是淡淡地笑了一下，转身离开。

一个人走在春日的阳光下，空气中到处是春天的味道，有柳树的清香，小草的芬芳。百合想："世界如此美好，可是我却失恋了。"这时，那一种刺痛突然在心底弥漫。百合有种想流泪的感觉，她仰起头，不让泪水夺眶。

走累了，百合坐在街心花园的长椅上。旁边有一对母女，小女孩眼睛大大的，小脸红扑扑的。她们的对话吸引了百合。

"妈妈，你说友情重要还是半块橡皮重要。"

"当然是友情重要了。"

"那为什么丫丫为了想要于淼的半块橡皮，就答应她以后不再和我做好朋友了呢？"

"哦，是这样啊。难怪你最近不高兴。孩子，你应该这样想，如果她是真心和你做朋友就不会为任何东西放弃友谊，如果她会轻易放弃友谊，那这种友情也就没有什么值得珍惜的了。"母亲

轻轻地说。

"孩子，知道什么样的花能引来蜜蜂和蝴蝶吗。"

"知道，是很美丽、很香的花。"

"对了，人也一样，你只要加强自身的修养，又博学多才。当你像一朵很美的花时，就会吸引到很多人和你做朋友。所以，放弃你是她的损失，不是你的。"

"是啊，为了升职放弃的爱情也没有什么值得留恋的。如果我是美丽的花，放弃我是他的损失。"百合的心情突然开朗起来了。

若是一个男人为名利前途而放弃你们之间的感情，你是不是应该感到庆幸呢？很显然，这样的男人不值得你去爱。

大量的事实告诉我们，对待感情不可过于执著，否则伤害的只能是自己。

上天对待我们女人似乎并不是很公平，在爱情面前，女人总是弱者，一段感情的终结，受伤最深、痛苦最久的往往是我们女人。不过，既然他不懂珍惜你，那你又何必去牵挂他？女人，即便是分手也要分得有尊严，即便你当初爱得很深，也要干脆一点。让他知道，离开他你一样可以活得很好，让他知道，离开你是他的损失！

# 为自己寻找另一片天空

　　人们常说一个人要拿得起，放得下，而在付诸行动时，拿得起容易，放手却很难。所谓放手，是指心理状态，也就是我们常说的要敢于放弃，就是遇到千斤重担压心头，也能把心理上的重压卸掉，使之轻松。

　　人活着，会有许多责任和许多欲望，这些东西要是拿掉了，人就会变得很轻松，如果你总是背着它们，最终有可能累死在路上。生活原本是非常纯朴、简单的，学会舍弃自己不特别需要、对人生益处不大的东西，学会放手，保持一颗简单和明朗的心，你会觉得其实生活真的很美好。

　　人，正因为不懂得舍弃才会有许多痛苦。当自己有了舍弃和清理自己的智慧时，就会豁然开朗，生命会马上向你展现出另外一个截然不同的景致。

　　张欣因为她爱的人娶了别人而一病不起，家人用尽各种办法都无济于事，眼看她一天天地消瘦下去，家人、朋友真是看在眼里，急在心里。

　　后来，她的妈妈便带她去看了心理医生。心理医生很快便找到了病情的症结，于是耐心开导她并说："其实喜欢一个人，并

不一定要和他在一起，虽然有人常说'不在乎天长地久，只在乎曾经拥有'，但是并不是所有拥有的人都感觉到快乐。喜欢一个人，最重要的是让他快乐，如果你和他在一起他不快乐，那么就勇敢地放手吧!"

的确如此，喜欢一个人，就要让他快乐、让他幸福，使那份感情更诚挚。在心理医生的耐心开导下，张欣变得开朗了，也不再郁郁寡欢，而她的病也一下子就好了。

有个女孩如此抱怨道："我很爱我的男朋友，为了他我愿意放弃任何东西，他喜欢的我都会去做，他不喜欢的我就不去做。我对他简直是好得不能再好，可他不是很爱我。我也觉得这样太没自我了，可是我真的无法想象我离开他的日子，我觉得我会死的，我总想有一天他也会很爱我的。"

这就是女人，常常为了爱情而把自己完全忽略。

女人的天空原本是明丽湛蓝的，不应该生活在泪雨纷飞和愤怒失衡的心态下，更不能放弃自尊，放弃了自尊的女人就等于自掘坟墓!不要为男人而活，要为自己而活，要活出价值来，活出被别人需要的自豪感!如今，我们把自尊、自信、自立、自强作为新女性的标准，实质就是号召女性在不断地自我完善中发展自己，追求幸福。"四自"精神不仅是女性实现自我价值的需要，也是维护美满婚姻的法宝。所以，不断完善自我应是女人一生的功课!

对于很多女人来说，一旦遇到了某个心仪的男人，她往往会在自己生活中某些相对次要的事情上做出让步，时间一长，就迷失了自我。所以女人还是要有自己的思想和生活空间,坚持自我,这样你才不至于过别人的人生。

刘爱华是某集团公司的财务经理,曾经的她就是一个拿得起放不下的女人。每一次悄悄地告别,告别故土、告别亲人,或是告别自己熟悉的一片风景,都会生出无尽的伤感。更让人担忧的是,她无法从那种无尽的伤感里走出来,更做不到去潇洒地放弃,然后在新的时空内坦然地接受一个新的开始。

后来在朋友及家人的开导和鼓励下,她终于明白了原来握在手里的并不一定就是真正拥有的,所拥有的也不一定就是真正刻骨铭心的。人生有很多的时候,需要一种宁静的呵护和坦然的放弃,只有这样,才会获得更多的快乐。

渴望的太多,反而会生出许多的烦恼。其实,生活并不需要这些无谓的执著,没有什么绝对割舍不了的,在生命里,也没有什么失去了就活不了的。你要想生活得轻松,就得学会放弃,拿得起,放得下,才能不为执著所苦。因为有选择就有放弃,学会放弃有时是一种解脱。

电影里有一句很经典的话:"当你紧握双手,里面什么也没有;当你打开双手,世界就在你手中。"紧握双手,肯定是什么也没有,打开双手,至少还有希望。很多时候,我们都应该懂得放弃,放弃才会使自己身心愉快,才会使自己获得快乐!

在生活中,我们应该学会放手,而不要一味地索取。懂得放手才会轻松快乐,背着包袱走路总是很累的。

有的时候路走错了,如果你毫无意识地继续走下去,那么你

将会离目标越来越远，这个时候能够停下来就是进步。有心思的女人永远不会让自己的人生扑朔迷离。

## 丢掉感情，留下风度

大千世界，沧海桑田，一切都在变，感情自然也不能幸免。当一段感情逝去了，当你爱的人渐渐远离，不知你可曾想过，接下来我们要怎样做？

女人，在情感的世界中，我们可以失去爱情，但一定要留下风度。

事实上，在情感的世界中，并没有绝对的对与错，他爱你时是真的很爱你，他不爱你时是真的没有办法假装爱你。毕竟你们真的爱过，所以分手时为何不能选择很有风度地离开？

女人，不要为背叛流眼泪，在感情的世界中眼泪从来都只属于弱者。他若是爱你，怎会舍得让你流泪？他若是不再爱你，即便是泪水流尽亦于事无补。

缘分这东西冥冥中自有注定，如果你们错过，那只能说明你们不是彼此一生的归宿，他或许只是你在寻找一生爱情上的一次尝试。如果你自认是生活上的强者，那么不如洒脱地离开，既然曾经深爱，就不要再彼此伤害。

于佳是一位医生,在北京一家很有名望的医院工作。丈夫张仪是一家工程公司的老总,每天忙得不可开交,马不停蹄地在各地跑来跑去。两人见面的时间很少,只是偶尔在周末才聚一聚。

一次,于佳和张仪偶然间在医院的急诊室相遇。张仪向妻子解释说:"我带一个女孩来看病,她是我单位的员工,由于工作劳累过度晕倒了。"于佳看了那女孩一眼,女孩看上去比张仪小很多,脸上带着点野性。于佳心里有一种说不出来的感受。

她便偷偷地到丈夫工作的公司去打探。大家都说从来没有见过像她所描述的这样一个女孩。

于佳听后,立即像失去重心一样。回来后,她给丈夫打了电话,说她已出差到了外地,要一个月以后才回去。

接着她便到丈夫的公司附近蹲守。

蹲守的结果证明,那女孩已经与张仪同居了很久。怎么办?是离婚还是抗争?于佳陷入了极度痛苦的深渊。

那个晚上,她坐公共汽车回家。

车开得很慢,司机好像很懂于佳的心情。车上只有三个乘客,另外两个乘客在给亲人打电话,脸上洋溢着幸福的表情。于佳痛苦地闭上眼睛,回想起摊放在桌上半年多的《离婚协议书》。

突然有人叫她,是那位司机在跟她说话:"妹妹,你有心事?"

于佳没有回答。

"我一猜您就是为了婚姻",于佳的脸色微微地有点冷暗,可司机却当没看见一样继续说:"我也离过婚。"

于佳眼睛微微一亮，便竖起耳朵细心倾听起来。

"我和妻子离婚了，"于佳的心不由一紧，"她上个月已经同那个男人结婚了，他比她大4岁，做翻译工作，结过婚，但没孩子。听说，他前妻是得病死的。他性格挺好的，什么事都顺着我前妻，不像我性子又急又犟，他们在一块儿挺合适的。"

于佳觉得这个司机很不寻常。

"妹妹，现在社会开放了，离婚不是什么丢人的事，你不要觉得在亲友当中抬不起头。我可以告诉你，我的妻子不是那种胡来的人，她和那个男人在大学里相爱四年，后来那个男人去了国外，两人才分手。那个男人在国外结了婚，后来妻子死了，他一个人在国外很孤独，就回来了。他们在同学聚会上见了面，这一见就分不开了。我开始也恨，恨得咬牙切齿。可看到他们战战兢兢、如履薄冰地爱着，我心软了，就放他们一条生路……"

于佳的眼睛有些湿润了，她想起丈夫写给她的那封信：

我没有想到会在茫茫人海中与她邂逅。在你面前，我不想隐瞒她是一个比我小很多的女人。我是在一万米的高空遇见她的，当时她刚刚失恋。我们谈了几句话之后，她就坦诚地告诉我她是个不好的女孩，后来我知道她和我生活在同一座城市，我不知为什么，从那一天起，心里就放不下她。后来我们频频约会，后来我决定爱她，照顾她一生。因为她，我甚至想放弃一切……

车到家了，于佳慢慢地走上楼。第二天她很平静地在《离婚协议》上签了字。

当你所面临的是这种婚外萌发的真情时，这种真爱就如生长在荆棘丛中的一株野花，在临近深秋时绽开。虽然它开得不是地方，不合时节，但毕竟已在凉凉的秋风中颤栗地开放。你又何须一脚将其踏死？即使这样你也会付出惨重的代价。这时，不如退后一步，像一首歌中唱的那样，人生没有翻不过的山，没有趟不过的河，更没有过不去的坎……

在人生的旅途上，生活给了你伤痛、苦难，同时也给了你退路和出口。所以当你所爱的人为了另一个珍爱的人执意要离你"远行"时，你无需作伤痕累累的最后决斗，而应在适当的时候选择放手。

## 未来的幸福在等你

人生最怕失去的不是已经拥有的东西，而是失去对未来的希望。爱情如果只是一个过程，那么失恋正是人生应当经历的，如果要承担结果，谁也不愿意把悲痛留给自己。记住：下一个他更适合你。

有一个女孩，一向保守，但由于一时冲动，和男朋友有了婚前性行为。之后，她恼怒、悔恨，却也安慰自己："没关系，他是爱我的！"

后来，男友对她实在是不好，她天天找人诉苦，却又不离开

他。妹妹劝她："别再傻了，快些离开他吧！别再和自己过不去。"

现在，她仍和她的男朋友在一起，偶尔流着眼泪诉苦，偶尔安慰自己："他总会知道我是真心对他好的！"也许，女孩想要的只是自我安慰而已。她很会劝别人分手，最会讲的便是："别傻了，快离开那个男人，别再白白受苦。"这么会劝别人的人，最后却劝不了自己，终究也只能令自己受苦。

为什么有些女人失恋时，悲痛欲绝，甚至踏上自毁之路？为什么有些恋人在遭遇挫折，不能长厢厮守时，会有双双殉情自杀的行为呢？

爱情对于某些女人来说，是生命的一部分，是一种人生的经验，有顺境有逆境，有欢笑有悲哀。所以，当和喜欢的人相爱时，会觉得快乐，觉得幸福；当分手时，或者遇上障碍时，会自我安慰："这是人生难免，合久必分，也许前面有更好、更适合我的人！"于是她们会勇敢地、冷静地处理自己伤心失落的情绪，重新发展另一段感情。

而另有一些女人，会觉得一生里最爱的就是这个人，不相信世界上有更完美、更值得她们去爱的人。所以当这段恋情变化时，她们就会失去所有的希望，也对自己的自信心和运气产生怀疑。这段关系遭受外界的阻力，就等于"天亡我也"。如此，她们就会变得消极，产生比较极端的想法，极有可能会选择自杀的道路。

其实，现实人生里，没有人是像电影小说、流行歌曲所形容的那样幸福地可以恋爱一次就成功，永远不分开的。大多数人都是经历过无数的失败挫折才可以找到一个可长相厮守的人。

所以当你失恋时，当你们不可能永远在一起时，你应该告诉自己："还有下一次，何必去计较呢？"无论你这次跌得多痛，也要鼓励自己，坚强起来，重拾那破碎的心，去等待你的"下一次"。人生是个漫长的旅程，在这个旅程中，人们大都要经历若干级人生阶梯。这种人生阶梯的更换不只是职业的变换或年龄的递进，更重要的是自身价值及其价值观念的变化。在"又升高了一级"的人生阶梯上，人们也许会以一种全新的观念来看待生活、选择生活，并用全新的审美观念来判断爱情，因为他们对爱情的感受已然完全不同了。

虽然更换钟情对象有时是可以理解的，但是，这种选择给人们带来的痛苦也是显而易见的。因而女人们应该尽可能在较成熟的阶梯上做一次新的选择。所以，有一天当失恋的痛苦降临到我们身上时，也不必以为整个世界都变得灰暗，理智的做法应是给对方一些宽容，给自己一点心灵的缓冲，及时进行调整，用新的姿态迎接明天。

经历了许多的人、许多的事，历尽沧桑之后，你就会明白：这个世界上，没有什么是不可以改变的。美好、快乐的事情会改变，痛苦、烦恼的事情也会改变，曾经以为不可改变的，许多年后，你就会发现，其实很多事情都改变了。而改变最多的，竟是自己。不变的，只是小孩子美好天真的愿望罢了！所以当一份感情不再属于你的时候，就果断地放弃它，然后乐观等待你的下一次！

## 好马也吃回头草

一只松鼠有空时总是把玩着一个坚果，日子久了，它有点腻了，就在一棵树边把它丢掉了。可从那以后，它总是觉得若有所失，它变得精神恍惚，再也快乐不起来，明明枝头有那么多饱满的坚果，它却总觉得自己丢失的那颗才是最大最美的，于是有一天它下决心把坚果找回来，它细心地搜索着，不放过一棵树，三天后它终于看见了它，那一刻松鼠开心的跳了起来，松鼠又恢复了往日的快乐，小动物们经常看见它叼着那枚坚果在枝头跑来跑去。

人们常常说：好马不吃回头草。说这种话的人考虑的可能是面子问题、志气问题，因此男友回心转意了，你虽然也还爱着他，却碍于面子不肯再接受他，结果落得个两地相思，这就是死要面子的结果。

宇奇和乔燕在大学时就是恋人。乔燕不仅身材曼妙，而且风雅别致，富于幻想。宇奇是班长，文采极佳。他们经过了一段浪漫的交往之后，毕业时双双南下，各自找到了适于自己施展才能的单位。一年后他们通过分期付款的形式买了一套住房，也就是在这时，家庭的小舟不知是哪儿出现了毛病，竟不再向前行驶。他们冷战，然后离婚。当两人打车去办理处的时候，心里都很难受，但事情已经闹到这个地步了，两人还是签了字。

离婚后，宇奇没有再结婚，乔燕也没有再找朋友，尽管他们都还很年轻。有一次乔燕的妈妈发现女儿躲在房间里哭，就叹了一口气："真是冤家呀！你还挂念着他吧！干脆，我牺牲自己的老脸，去帮你说说？"没想到乔燕却说什么也不肯："哪有女方主动的呀！"宇奇的日子也不好过，他总会想起乔燕来，一个人躲在家里喝闷酒。一个朋友打趣说："宇奇！你不是打算和乔燕复合吧？好马可是不吃回头草的呀！"被说中了心事的宇奇微怒起来："谁说我要回头的？下辈子也别想！"这句话不知怎么就传到了乔燕的耳朵里，半年后，乔燕结婚了，那一天，宇奇跑到海边大哭了一场。

"好马不吃回头草！"这句话不知使多少人丧失了得回真爱的机会。绝大多数人在面临该不该回头时，往往意气用事，明知"回头草"又鲜又嫩，却怎么也不肯回头去吃，自以为这样才是有"志气"。其实，在面临回不回头的关卡时，你要考虑的不是面子问题和志气问题，而是现实问题。如果你还爱他，如果你还留恋那把"草"，为什么不"回头"去试试呢？

当然，吃"回头草"时，你还会碰到周围人对你的议论，让你"消化不良"！但只要你自己愿意去吃，利大于弊就可以了！何况时间一久，别人也会忘记你是一匹吃回头草的马，当你过得幸福时，别人还会佩服你：果然有勇气！

还有一个女人，年轻时经人介绍认识了一位男友并且一见钟情坠入爱河。谁知她这位男友并不安分，不久又结识了一个女孩，由于对方家境显赫，再加上学识家境均超过他现在的女友，

于是，他便向女友提出分手。这位女士正沉醉在爱情的甜蜜与幸福之中，听到这一消息后顿觉如五雷轰顶，陷入失恋的痛苦之中。在很长一段时间里，她异常苦闷，彻夜失眠。为了使自己尽快从痛苦中解脱出来，这位女士将全部精力倾注在事业上，功夫不负有心人，不久她即小有成就。正这时，她以前那位男友突然又找到她，痛哭流涕地要求恢复关系。原来，在他与这位女士分手后，与那个姑娘相处了一段时间，很快发现此人骄横跋扈。再窝囊的男人也忍受不了这个啊！于是他断然与她断绝往来。想起与前女友相处的那些幸福甜蜜时光，这个男人追悔莫及。经再三考虑之后，他决定向该女士说明一切，并恳求对方的谅解。当时，这位女士颇感犹豫。正所谓旧情难舍，但考虑到周围人的闲言碎语，该不该吃"回头草"令人颇感踟蹰。

有不少人也劝她快刀斩乱麻与原男友彻底断绝往来，"好马不吃回头草"！天下有的是帅哥，三条腿的蛤蟆不好找，两条腿的活人有的是，"天涯何处无芳草"，美女又何愁嫁呢！这位女士是个很念旧情的人，她想起过去自己与男友相处的那段时光，男友身上的诸多优点，男友在自己面前流下的悔过眼泪……最后，她毅然决定与男友重续旧缘。后来，两人终于喜结连理，婚后家庭美满幸福。

如果你还爱他，就不要理会所谓的"面子"，不要理会别人的议论和想法，因为幸福是自己的。真正的"好马"也不会在意是不是"回头草"，如果那处的"草"确实鲜嫩，那么不"回头"才是一种遗憾呢！

# 夺回你的爱

当婚姻遭遇危机，不同的女人会表现出不同的反应。我们看到，一些脆弱的女人或是出于对家庭、对子女的考虑，选择委曲求全默默忍受丈夫的背叛，或是忍着剧痛离开，沉浸在昔日的回忆之中久久不能自拔；一些女人貌似刚烈，她们不依不饶，将彼此都折磨得筋疲力尽，到头来却依然未能改变事情的走向；一些女人较为洒脱，她们能够潇洒地说"拜拜"，而且也能够很快投入到新的生活之中；另有一些女人，她们若是放手也就放了，若是觉得还有爱，还不能分开，便会启动自己的全部智慧，巧妙地与第三者周旋，直至夺回自己的。

西汉时的卓文君便是这样一位女中诸葛。想当年，出身书香门第、豪门贵族卓文君不顾父亲卓王孙的反对，放下锦衣玉食的日子不过，夜奔司马相如，二人隐于市井，结庐当酒，百般恩爱。

后来司马相如赴长安考试，官运亨通，被拜为中郎将。他从此迷恋上长安的莺歌燕舞，雪月风花，逐渐开始喜新厌旧，忘记了离家时对妻子卓文君立下的誓言。五年过去了，他才给妻子写了一封信。

卓文君怀着又惊又喜的心情拆开丈夫的来信，只见纸上写着"一二三四五六七八九十百千万"十三个数目字。聪明的卓文君察觉到丈夫有弃她再娶的念头，这是变着法刁难自己呀！她当即巧妙地将丈夫的数目字、先顺后倒地连成这样的诗句：

一别之后，二地相悬。只说三四月，谁知五六年。七弦琴无心弹，八行字无可传，九连环从中折断，十里长亭望眼欲穿。百思想、千系念，万般无奈把郎怨。

万语千言道不完，百无聊赖十依栏。重九登高看孤雁，八月中秋月圆人不圆。七月半秉烛烧香问苍天，六月伏天人人摇扇我心寒，五月石榴似火偏遇阵阵冷雨浇花端，四月枇杷未黄我欲对镜心意乱。忽匆匆，三月桃花随水转；飘零零，二月风筝线儿断。噫！郎啊郎，巴不得下一世你为女来我为男。

司马相如读完信后，深感自疚，觉得实在对不起贤惠的妻子，终于高车驷马，亲自回家乡接卓文君到长安。

当然，在现代社会，我们不可能仅凭一纸书信就将丈夫拉回身边。但这也并不是说男人出轨就无法挽救，我们面对第三者就束手无策，其实只要你肯冷静、客观地看待这一问题，寻找问题的根源所在，对症下药，多半还是能够大获全胜的。

亚萍与丈夫结婚已近十年，近一年多来她渐渐发现丈夫有些"不对劲"了。

亚萍第一次出现这种感觉缘于他们的乔迁之喜。那天，亲戚朋友来了不少，唯独丈夫久久不见踪影。给他打电话，被告知"单位忙，走不开"。亚萍很是气愤，再怎么忙，这么大的事情也不能不露面吧！他以前可从不会这样，一丝不好的感觉掠过亚萍心头，但事实上那时她并未太在意——或许是自己太过敏感吧。

不久，老公又因为"工作忙"，没有回家吃晚饭。那天，他回来的很晚，亚萍问他去了哪里，回答"被朋友拉去喝酒"，亚萍追问"哪位朋友"，老公支吾了半天没有说出个所以然。亚萍再追问，他只是低着头不说话。亚萍的心狂跳起来，直觉告诉她——"出事了！"当时，她想好好质问老公一番，让他把事情交代清楚，但想想卧室内酣睡的女儿，她还是忍了下来。

几天后，亚萍打出了丈夫通话清单，其中一个号码出现的次数异常频繁，就是她了——亚萍告诉自己。她让弟弟打了过去。结果令亚萍如遭雷击般怔在当场——对方竟是个足疗店的洗脚妹！他为什么就不能找个比自己好的呢？

掌握了初步证据，亚萍开始将"工作重点"指向老公，在她的逼问下，老公承认了部分事实。他坦言，之所以另结新欢，就是因为觉得亚萍太霸道了。亚萍个性很强，在她眼里老公一直就是个还没长大的孩子，所以每每发现老公做得不尽她意，亚萍便忍不住指责几句。谁想内向的老公将一切不满都埋在了心理，将她看成了不讲道理的"恶女人"。

亚萍当时曾想到离婚，但经过一段时间的慎重考虑以后，发现自己"怎么也离不开他"，于是她绞尽脑汁，想办法把他拉回来。

有了这个决定后，亚萍就和老公谈心，希望他能将真实想法说出来，并表示，可以原谅他这次犯的错，但前提是，他必须把

心收回来。

见亚萍说得很真诚，老公答应和她断掉，可没过多久又旧态复萌。这次亚萍没有吵闹，有时她会在他面前哭，她知道眼泪对男人而言是最有效的武器。她知道自己必须忍着，给他空间和时间，让他自己意识到，这样下去很危险。因为她相信，他和她长不了，等有一天他看清了她的真实面目，他知道该怎么和她结束。

同时亚萍意识到，要把老公拉回来，仅凭她一个人的力量还不够。她就找弟弟倾诉了自己的苦恼，弟弟愿意帮她，答应找姐夫谈谈。他们出去谈了两次，每次回来，亚萍的老公都会发生一些变化，她知道这是弟弟的话起了作用。最关键的是，这时那个女孩已经不像以往那样说的只做他的情人，什么都可以不要了。她开始要求他离婚，管他的工资卡。

事情到了这一步，她老公再傻，也开始怀疑她动机不纯了。他开始反思，他的心慢慢在回来。亚萍知道，她离成功不远了。

当下，有几人能够保证自己的婚姻不受到丝毫"污染"？当你的丈夫另结新欢之时，你是否能够选择宽容，以积极的态度牵引他走出歧途？很显然，亚萍的一些做法是很值得我们借鉴的。当然，前提是我们还爱着他、爱着这个家，愿意再给他一次机会。

事情既然发生以后，就不要冲动，我们有必要让自己先冷静下来，问问你的心。如果它还有爱，如果它实在舍不得，不想就此放弃，那就调动你的智慧，将老公从别人手里抢回来。

# 第十一章

# 眼明心亮，挡住恶意侵犯

我国古代大哲学家荀子对于人性的见解可谓独树一帜，他说："人之性恶，其善者伪也。"意思是说，一个人如果看起来是善的，那是他善于伪装，因为人性本来是恶的。我们且不去探讨荀子的思想是对是错，但至少有一点我们可以肯定：要懂得擦亮眼睛，看清别人真面目。

诚然，做一个人见人爱的单纯女人固然不错，但这个社会太过复杂，人心难测。一个女人要想一生平安，幸福美满，要想在社会上立足，成就一番事业，就必须学会看清伪与诈，将那些恶意的侵犯挡在闺门之外。

## 小心"引狼入室"

"引狼入室"一词是指一个人出于好心，将凶狠的恶狼引入室内，恶狼对室内之人又造成了伤害。聪明的女人为避免引狼入室，平时一定会擦亮眼睛，看清人的真面目，尽量将狼拒之门外。但事实上，并不是人人都可以做到如此谨慎，一些女士在生活中交友不慎，便很容易犯下引狼入室的错误。

徐云与丈夫结婚已近20年，育有一子一女。夫妻二人经营着一家服装店，生意还算红火，家中车、房俱全，长子云刚学业有成，正准备出国深造，小女云燕也是高考在即，一家人相敬相爱，其乐融融，说不出得幸福滋味。

可是最近，徐云不知是哪根神经搭错了线，她总是怀疑丈夫背着自己在外面找了情人，无奈多次试探、几次跟踪，都是无功而返。但这并没有消除徐云心中的疑虑，她认为是丈夫隐藏的太深，于是她每天胡思乱想，渐渐地变得有些神经质了。

那天，徐云心中实在憋得难受，便打电话叫自己的好姐妹陈帆一起喝咖啡。在咖啡厅里，徐云向陈帆大吐苦水。陈帆劝了几句，突然眼睛一眨说道：

"姐，你看这样如何？为了防止姐夫真在外面找情人，把钱都花在别人身上。我们一起做个局，把家产都划到你名下如何？"

徐云不解其意，茫然地看着陈帆。陈帆见状，向四周扫了一眼，凑近徐云低声说道："姐，我们做一张假字据，上面写明你因做生意需要资金，曾从我处借××元钱，你签字。我拿着字据去找姐夫索要，毕竟你们现在是合法夫妻，财产共同所有，他有义务帮你还债。等钱到手以后，我再神不知鬼不觉地转到你的名下。这样你既能扣住姐夫的经济命脉，防止他在外面偷腥，又能为小刚、小燕保住一笔钱，留作他们将来出国之用。"

闻听此言，徐云有些犹豫，她不知道此事一出，丈夫、孩子将用什么眼光看她。

看到徐云的犹豫，陈帆继续说道："姐，难道你还信不着我吗？我这可都是为了你好，你要是不同意就当我没说过。"

见陈帆这样说，徐云忙解释道："看你说的，姐信不着你还能信得着谁呢？你可是我最好的姐妹，我只是担心你姐夫知道我欠了这么一大笔钱，不肯原谅我。不过想想也是，如果他真在外面有了别人，把钱都挥霍了，到头来受苦的还不是我们娘仨。为了孩子，我就骗他一次吧，就按你说的办！"

……

签下那张欠条以后，徐云的心中一直忐忑不安，她想象着丈夫暴怒的情景，她感到有些恐惧。然而，令她意想不到的是，她等来的并不是陈帆的索债，而是法院的一张传票——陈帆以欠钱不还为由，将她告上了法庭。面对着那张自己亲笔签下的欠条，徐云百口莫辩。结果可想而知，徐云败诉，以车、房偿还欠款，

因为她根本无法提供有力的证据证明那只是一个局。

如今，徐云真的是一无所有。丈夫视她为仇敌，儿子、女儿也不愿再多看她一眼，看着自己昔日最好的姐妹住着自己的房子、开着自己的车，徐云真是欲哭无泪。

徐云的出发点本无可厚非，她只是想防止丈夫出轨，只是希望为自己以及子女留条后路，错就错在她用错了方法。丈夫出轨与否，说到底是夫妻二人的感情矛盾，家中的一切怎么说也是自家的财产，怎么能借他人之手"算计"自己的丈夫呢？即便她所托之人靠得住，我们也不能认同这种做法，更何况她所托非人呢？

坏人虽不是社会的主流，但也无处不在，让你防不胜防。信守与人为善的做人标尺，我们便能从善中得到善。但是社会的复杂性提醒我们，有很多不善之辈环绕在我们周围，无论工作中、生活中、交往中、休闲中，这样的人如影随形，你无法躲开他。我们无意伤害别人，但在无理的侵犯和肆意的辱垢面前，没有人愿意引颈就戮。

女人，应该懂得为自己设防，一个不懂得保护自己、时刻处于危险之中的女人，又拿什么去谈论幸福呢？其实很多时候，不是狼要破门而入，而是我们给了狼机会。狼要入室，其根本目的也是为了生存，狼能够成功入室，是抓住了人给了狼的机会。

# 他乡未必遇"故知"

　　白菜和菜刀成了好朋友，菜刀对白菜说："为了朋友我愿上刀山、下油锅。你放心，谁敢欺负你，我就和它玩命！"白菜非常高兴自己找到了一个好朋友。过了几天，白菜被人拎到了案子上，菜刀高高地举了起来。"不要啊！你怎么能这样对我？""嘿嘿，我都肯为你下油锅，你就为我牺牲一下吧！"菜刀说完，就剁了下去。

　　俗话说"出门靠朋友"，然而也并不是所有的朋友都可以让你安心地去"靠"。女人，选择朋友时一定要仔细甄别，免得一不小心靠在了"冰山"上。

　　秋竹是在 2000 年去的英国，可是初到英国，不仅人地两生，语言也不过关。她那一点可怜的英语连找工作所必须的几句话都说不清楚。她多么想在异国他乡能遇见一个中国人，特别是能够帮助她一下的中国人啊！一周后，她就真的遇见了一个高中时的同学。所谓"久旱逢甘霖，他乡遇故知"，秋竹当时十分激动。

　　她这个老同学非常热情，给秋竹介绍英国的情况，帮她办理许多该办的事务。当然了，这些日子的吃饭等花销都由秋竹包了。秋竹非常信任他，他说帮她去办事，她就把信用卡交给他，

于是卡里的钱在迅速减少。老同学解释说，英国不比国内，各种
费用都高。秋竹虽然心中叫苦，但还得感谢他，因为秋竹如果自
己去办，只能像一只无头苍蝇四处乱碰。渐渐地，秋竹对一些事
情熟悉了，及至自己去办时，才发现费用并不像他说的那样高。
可他还三天两头来她这里，吃点喝点倒也算了，买他自己的东西
也用她的信用卡。她越来越觉得这个朋友有点靠不住，于是决定
找个机会和他中断来往。

　　一天，他照例来吃来喝，秋竹就拿出 300 英镑，对他说：
"谢谢你帮了我许多忙。这点钱算是我对你辛劳的一点补偿。我
现在情况大体熟悉了，你也有自己的事情要忙，就暂时不再麻烦
你了。如果需要时，我再和你联系。"秋竹给他的钱是在她打听
了那里的行情后计算的，并有意算得相当富裕，以此感谢他在她
困难时帮了自己。

　　可是事情出乎秋竹的意料。"我也正要和你提这个事呢，"他
拿起钱数了数说，"对不起，你这钱太少了。这些日子，我一直
为你的事奔忙，自己的事情都搁了下来。你至少应当给我这个数
的三倍。"

　　秋竹手里的钱已经所剩无几，哪里能拿得出他说的三倍来？

　　看着目瞪口呆的秋竹，他又提高声音说："如果现在没有也
没关系。你可以打一张欠条。"

　　这也算朋友？简直就是一个无赖！秋竹一下觉得他是那样丑
恶，那样狰狞，那样厚颜无耻。但她没有骂出来，连委屈的泪水也
没让它流下来。她只是从心底里默默地责备自己太相信"出门靠朋

友"的格言了。眼下这一幕也许就是对自己轻信的一种惩罚吧。想到此，她毫不犹豫地给他打了一张欠条，然后打开门，示意他立马走人。他刚一出门，她就"砰"地一声狠狠地把门撞上。这时，她的泪水流了出来……

当我们刚接触一个新的环境时，面临的一切都是陌生的、不适应的，如果想在这里打拼生活，干一番事业，人际关系就成了非常重要的一环。对朋友的渴望也就因此产生，这就像一个口渴的人，急切地盼望有一杯清凉的水一样，这时如果一杯水送到你面前，恐怕你就会看也不看地倒进嘴里。故事中的女孩就是这样的情形，一个人孤身来到异国，突然碰到一个"故友"，她立刻就毫无保留地相信了对方。然而不是什么朋友都靠得住的，这个女孩就结结实实地靠了一回冰山。被骗了钱不说，心理上还受到了很大打击。

出门在外，如果能碰到一个伸手相帮的热血知己，的确是一大快事，但事实上可靠的朋友是有条件的，有了朋友的称呼也未必是真正的朋友。如果你因为人家的热情就完全放下了戒心，那么掉进阴沟里也就不值得大惊小怪了。

姐妹们，出门在外，一定要多加提防，对不熟悉、相交不深的朋友还是留点戒心，没有判断清楚前，千万不要轻易"靠"上去，免得"冻伤"了自己。

## 认出"笑里藏刀"

人际交往中的明争暗斗，往往披着美丽的外衣，你要是被迷惑住了，那就会一败涂地。

当你棋逢对手时，你的情感、理智、道德、功利都遭遇最大的考验。当你想获得成功的时候，是否不遵守道德准则；当你坦诚地面对竞争者，对方是否正在利用你的善良和诚意进行攻击……

韩小姐中专毕业后混了几年，后来一个亲戚介绍她去了一家日用品公司做业务，在那里她认识了一个叫田眉的女孩，两人相处的很不错。由于韩小姐工作认真负责，办事能力强，口才又好，所以很受经理器重，几次在总结会上获得表扬。临近五一长假，总经理宣布要搞一个大型促销活动，并允诺谁如果表现出色就将获得提升。经理临走前意味深长地拍了拍韩小姐的肩，让她好好表现。散会后田眉热情地拉住韩小姐的手，说要跟韩小姐一组。韩小姐简直有点受宠若惊，她本来担心，田眉会因为经理器重自己而不高兴，没想到田眉这么大方。经过一番努力，韩小姐负责的几家店都同意备货，只有一家超市只同意做短期促销。月底的一天，韩小姐和物流部约好，等那家超市九点关门以后他们就开始进货，田眉自告奋勇负责进货。谁知九点半了车还没来，韩小姐急得直跺脚，商场负责人也很不高兴。一直到十点车才赶到，但她们也只剩下了 20 分钟布置货物，车刚一到韩小姐就冲上去搬货，好不容易在 20 分钟内把货物都搬到展地布置好，超市负责人让她们赶快离开，可此时韩小姐还没来得及核数呢！田眉拿着接货单催促韩小姐签名，韩小姐犹豫地说：“可是我还没有核数啊。”田眉笑了：“不至于吧，我能害你吗？不相信的话我可以明天一早陪你点数！”韩小姐连忙说：“田姐，我没那个意思，只是觉得不遵守工作程序心里不踏实。”韩小姐边说边接过货单签上了自己的名字。

回去的路上，田眉向韩小姐解释是因为车出了点故障，才迟到的，并说这一次韩小姐联系了这么多店，布置的又很妥当，一定会获得升职，并表示自己非常支持韩小姐，听了这些话，韩小姐对田眉充满了感激。

五一过后，休了两天假，回来后经理就把韩小姐叫去了，把进货量与退货量的单子以及商场销量表都抛向了韩小姐，说：“你负责的那家超市丢了三千多元的货，你怎么解释？”

韩小姐一听傻了！忙拿起来一算果真丢了 3400 元的货。没有可能会这么多呀，韩小姐一下子意识到了什么，向经理说了一句，我要去查一查，便快步走出了经理办公室。韩小姐找到了田眉，把她叫到了外面。问了她有关方面的情况。而她却笑着说道：“我怎么会知道，数是你点的，字是你签的。”

这时，韩小姐已经意识到发生了什么事情。便火冒三丈地向

她嚷道："我要将此事告诉经理。"

"你告到哪里我也不怕，白纸黑字是你签的。"说完，她便转头回了办公室。

韩小姐思考了很久，没有真凭实据，没办法，赔吧，总不能被人当贼吧。韩小姐将想法告诉了经理，他说要考虑一下。几天后他告诉韩小姐，他了解到了一些情况，不用韩小姐赔了，只要韩小姐今后好好工作作为补偿。

随后田眉没有来上过班，两个人也没有了联系。

这件事给韩小姐的教训就是：处理任何事都不能不考虑出发点，要做好利益上的平衡，在与自己有利益冲突的时候，一定要擦亮眼睛，不能光看到人家的笑脸，就忘乎所以。

"害人之心不可有，防人之心不可无"，姐妹们，我们不去向别人捅刀子，但也不能傻傻地等着别人害自己，这就要求我们要对这种阴险的人有所防备，拉起警戒网，不给对方机会出"刀子"。

## 不要热情过了头

与人相处总免不了要互相帮忙，但也不是帮助对方越多越热情越好，因为很多时候好心也会没好报，丽娜就吃过这种亏。

丽娜是个热情善良的女孩，毕业后顺利地进入一家大公司当上了"白领",她工作认真,人缘也不错,尤其是和她们组里的一个女孩相处得非常好。她们的友情也不断深化,发展到了各自的私交圈子,对方的朋友也都十分熟悉。两人常拉上各自的男朋友一起逛街、郊游、野餐什么的。有时四个人还坐在一起搓麻将,公司里的其他同事都特别羡慕她们。

但这种融洽的关系却在有一天出现了难以弥合的裂痕,起因是公司里新来的副总经理。女孩从见到他第一眼起,就很不自然,副总经理也是,两人坐在那里,并不说话,却有种微妙的气氛。下班时,女孩突然"消失"了,而平常她们都是一同坐车回家的,即便临时有事,也会先打个招呼。丽娜问了门卫的大爷,说她是和副总经理一同出去的。

第二天,女孩红肿着眼睛来上班。回家的时候,没等丽娜问,她就主动和盘托出:副总经理是她大学时的同学,他们曾经谈过恋爱,后来因为副总经理毕业后去了美国,两人断了往来。副总经理经过一次失败的婚姻,再见女孩,有了和她重温旧情的想法。说着说着,女孩忍不住掉起了眼泪来。

丽娜和这个女孩子就这个事情做了亲密的交谈,并劝她想清楚,别伤害了现在的男朋友。但是没想到,自从那次之后,女孩和她渐渐疏远了,许是后悔让她知道了这个秘密。终于有一天,她开始在同事间放风,说丽娜做事常常偷懒,完不成的任务都要她帮她顶着。丽娜觉得委屈极了,自己并没有得罪过她,在她伤心的时候还好心安慰过她,没想到她竟反过来害自己。

常听有人呼吁"朋友间要保持点距离",这样做不仅可以保

持新鲜感，还可以避免交往过密。和人交往过密，就会对对方知根知底，这样一来万一风向有变，你就会成为他的重点防范对象。所以对方的隐私，对方的伤心史能不听就别听，更不要滥施你的情感，你同情他，说不定他转眼间就会为自己的一时脆弱而后悔，甚至转而恨你、害你。

生活中，热心肠的人通常人缘好，但常常是热心肠的人容易上当、受骗、吃亏。因为热心肠的人对谁都没有戒心，总是摆出一副"哪里有难哪有我"的样子，因此常被人抓来利用。所以，千万不要对一些违反原则的人付出你的热心，那样做必定会伤害到你自己。

热心帮助别人会使人与人之间的关系更加融洽，但前提是要选对人、分清事，别稀里糊涂地卷入是非之中。

## 职场防狼术

性骚扰，从古至今都有。据调查发现，有 60% 以上女性或轻或重都曾受到过性骚扰的困扰，可以说这已经成为危害职场女性的一大弊病！然而它又总是那样防不胜防，令女性朋友有苦难言！那么，万一不幸遇到类似问题，我们该怎样处理呢？

然而，倘若一味忍气吞声，放任自流，又只会让那些骚扰你的人更加肆无忌惮、理直气壮，这带给当事人的困惑和压力是不言而喻的。很多女性朋友出于那些无法言说的尴尬和模糊，只能"英雄气短"，于是乎"贼"更猖狂。

两年前，曹霏大学毕业，应聘到了西安一家大型事业单位工作。

这个单位的工作性质偏重理工，男性职员多，女性职员少。相貌秀丽、身材婀娜、气质典雅的曹霏刚一露脸，便在单位引起了不小轰动。

很多未婚青年向曹霏发动了强烈的攻势，但都被她一一拒绝——她早已名花有主，而且，她对自己的男朋友非常满意，无心移情别恋。

和曹霏同一个办公室的郑某见状，笑眯眯地夸奖曹霏：你是个好女孩，感情专一，不爱慕虚荣，我欣赏！今天中午，一起吃个饭吧。

郑某是办公室主任，30多岁，已婚，工作能力很强，为人和善，行事严谨，在同事中口碑很好。曹霏初到单位，人生地不熟，他给了曹霏许多工作上的指点和生活上的帮助，曹霏很是感激。

两人时有接触，郑某会找各种理由邀请曹霏一起吃饭、喝茶、聊天。一些平日相处不错的姐妹劝曹霏，不要和男同事走得太近。曹霏心想，身正不怕影子斜。

故事的发展很老套：一日，两人一同吃过午饭后，郑某向曹霏表白了自己的"爱意"。曹霏慌忙拒绝："你已经结婚了，我们

怎么可能？"

郑某说："我不要求你嫁给我，只要你允许我对你好。"

打这以后，郑某每天数条短信骚扰曹霏，内容露骨——"我爱你"、"我的梦里都是你"……这些字眼儿让曹霏心惊肉跳——万一被男朋友发现，解释不清啊！

曹霏苦不堪言，精神恍惚，甚至将上班当成了受罪。她也曾想过将此事反映给单位领导，可是缺乏有力的证据，何况郑某的口碑一向不错，她怕被他反咬一口，自取其辱。

就这样，前怕狼后怕虎，曹霏至今仍被这个噩梦困扰着。其实有时，正是我们的退让，才助长了色狼的气焰。

毫无疑问，性骚扰是可怕的，更是非常龌龊的，它将工作场所变成了危险地带，令有趣的工作变得可怕。在绝大多数的职场性骚扰事件中，女性总是不幸地成为被攻击的对象。性骚扰为害之烈，不仅仅是对女性身体上的伤害，更是对女性精神上造成压迫，严重者会给女性的身心健康、工作、就业甚至家庭带来相当大的负面影响。那么，面对有可能来自上司、同事或客户的"亲密"接触，我们要如何保护自己呢？本书为大家提供了几点建议：

一、谨言慎行。在工作场合，女性朋友一定要保持得体的言语、举止，在与男同事开玩笑时要把握分寸，绝不要乱传"荤段子"，尽量不要接受男同事的单独邀请，否则他会以为你对他"有意"。

二、态度坚决。当有人对你意图不轨时，不要犹豫，严令喝止。事后可以冷若冰霜地"晒"他一段时间，让他的非分之想在冷却中逐渐化为泡影。

三、令其"后院起火"。通过各种方式，诸如打电话、写信、借别人的嘴传话，让他的老婆知道这件事，恐怕他想不收敛都不行。同时也要让他知道，本姑娘可不是好惹的！

四、大胆揭发。如果他的行为已经对你构成了严重伤害——不要再顾虑！拿起法律武器捍卫你的尊严！工作丢了我们可以再找，若是这样屈辱地工作着，又遑论做出成绩？做人，尊严才是最重要的！不过提醒大家，要注意搜集有力的证据。

职场中，不可避免地存在着骚扰，作为女性，需要提高警惕，将骚扰事件平息在萌芽状态。一旦这种事情发生在自己身上，请不要沉默，我们要用一种积极的态度去对付它，捍卫自己的尊严。